The World
Designed for
Children

为儿童
设计的世界

日比野设计事务所作品集

[日]日比野拓／著

潘潇潇 付云伍／译

广西师范大学出版社
·桂林·

images
Publishing

OM保育园·日本茨城

Contents　目 录

KNO保育园，日本长崎

OM保育园，日本茨城

AKZ保育园，日本东京

SMS保育园，日本枥木

天之幼儿园及保育园，日本鹿儿岛

OM保育园，日本茨城

HZ幼儿园及保育园，日本冲绳

引 言

构筑儿童未来的空间

比野设计事务所（Hibino Sekkei，以下简称日比野设计）创立于1972年，当时正值日本经济稳定增长的时期，也是日本人口快速增长的第二次"婴儿潮"时期。在这一背景下，建造更高效的幼儿园和学校建筑以接收大量的适龄儿童变得尤为重要，这导致日本的学校大多使用口琴形布局。口琴形学校建筑布局，一般是指在矩形建筑内，一边是走廊，另一边是教室。在那几年里，日比野设计也参与了很多幼儿园和保育园项目的设计，但从一开始，我们就对这种过于强调秩序的布局心存疑虑，并尝试不同的布局方式，例如，打造楼梯下方的秘密基地和宽敞的走廊，为孩子们创造可以碰面、玩耍的空间。1991年，日比野设计创立了幼儿之城（Youji no Shiro），我们的设计理念也得到了巩固和深化。幼儿之城是一个专门致力于儿童空间设计的团队，旨在为儿童及负责儿童空间运营的老师和家长等成年人打造有趣的空间。我们承接新建、扩建、重建和改建等各种类型的项目设计。幼儿之城目前已在日本乃至全球范围内设计了560多个项目，其中包括保育园、幼儿园、小学、初中，以及其他儿童或青少年会长时间停留的场所。

日比野设计认为好的儿童空间应当是能够滋养身心的。为了做出更符合这一目标的设计，我们对世界各地的课堂教学和儿童保育机构进行了实地考察。在3年里，我们访问了30个国家的幼儿园、保育园和教育机构，发现在不同的社会文化背景下，教学方法、空间需求，以及儿童保育和教育政策差异非常大。适用于某个国家（如日本）的模式，在其他国家可能却是无法实现的。因此，我们总是先了解教育的目的和培养儿童的方法再做设计，我们对空间创作的思考维度相当广博。

幼儿之城总是从儿童的角度出发做设计，因而创造的儿童空间往往十分富有创意，能够鼓励儿童主动参与活动，培养创造力，例如，不设围墙和大门，让幼儿园面向社区开放；将不同高度的操场整合起来，并充分利用"盲区"、楼梯和斜坡，鼓励孩子们进行体育活动；洗手间安装大扇窗户，以引入更多的自然光线。

EZ幼儿园及保育园，日本冲绳

SMW保育园·日本神奈川

YM保育园，日本鸟取

这些绝不是标新立异、设计为先，而是立足于我们对设计如何影响儿童的深刻见解——我们通过与大学实验室及设备生产商合作，收集了很多有价值的信息，它们使我们在多年的创造性设计工作中获得的知识和经验得到了完善。我们关于儿童建筑和教育的研究包括比较同一幼儿园新老建筑对儿童运动量的影响、色彩对儿童心理状态的影响，以及在教室中使用木材等天然材料会产生的影响。

几十年来，日本社会经历了剧烈的变化，出生率迅速下降，人口老龄化加剧。这些变化将幼儿园和保育园推向了激烈的竞争环境。以儿童为中心的设计必须使一个教育设施空间除了具备所有基本特征之外，还能以差异化优势脱颖而出。此外，包括校服、校徽和形象标识在内的品牌塑造也要与空间需求、教育政策及学校特色一致。

ST保育园，日本埼玉

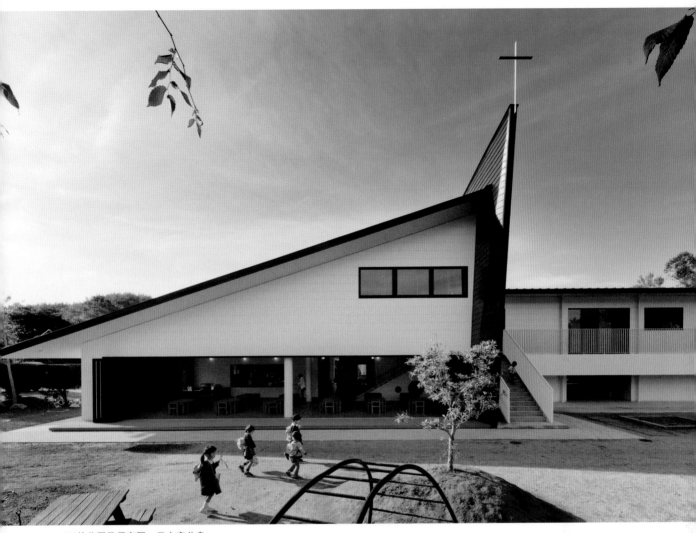

AM幼儿园及保育园，日本鹿儿岛

本书将日比野设计杰出的儿童空间设计作品结集成册，向读者全方位展示日比野设计的理念和实践。我们希望这些项目能够帮助大家拓宽对儿童空间建筑及空间设计的理解，从而为身边的孩子构筑美好的未来。

1

Places
for
Children

儿童空间设计

IZ幼儿园及保育园，日本爱知

What

We

Value

in

Children's

Spaces

在儿童空间的设计中
我们重视哪些内容

建筑设计是日比野设计的核心业务和出发点。本章将介绍幼儿之城在经典项目中所使用的设计方法及所重视的设计理念。我们坚持做具有独创性和原创性的设计，避免重复过去的设计。每个幼儿园或儿童设施的场地位置和规模都具有独特性，就像它们的教育和管理政策一样各不相同。幼儿之城会根据每个项目的特点调整空间的设计。

本章根据幼儿园或保育园的社会和场地等条件将收录案例分为七大主题。其中，每个案例都是我们在与建筑管理者及使用者进行多次探讨后设计完成的，各自具有鲜明的特性。

KM幼儿园及保育园，日本大阪

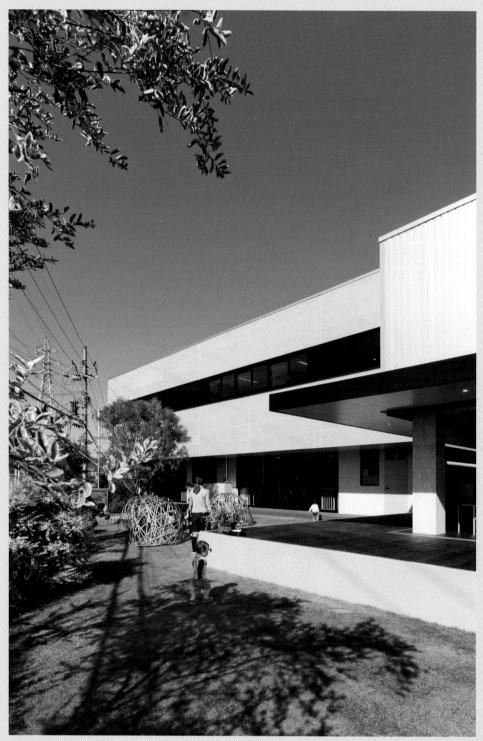

NFB保育园，日本奈良

主题1

SUBURBS
郊区项目

从周围环境中寻找灵感

郊区的场地往往可以为设计提供理想的条件，但大多存在意想不到的制约因素。常见的项目要求是在空置的区域建造一栋全新的建筑，与此同时，现有建筑仍然继续使用。这就会使新建筑的造型受到限制，也促使我们去探索最佳的替代方案。

在开始设计之前，我们会先参观场地，了解业主的要求、场地的现状，以及他们对未来抱有的愿景，然后仔细勘察场地周围的区域，以便深入了解当地独特的文化、习俗和历史，这些最终会激发我们的设计灵感。

对于允许自由发挥创意的大型场地和项目来说，深入研究和认真倾听至关重要。在项目前期，我们需要关注周边环境的特点和各个幼儿园的管理政策。

AM幼儿园及保育园

日本，鹿儿岛

完成时间： 2015年
面积： 941平方米
摄影： 井上龙二/包豪斯工作室，米谷彻

2017年Architizer A+大奖/第10届日本儿童设计奖

＜
将一层下方的架空区域设计
成一个全天候游乐场

∧
餐厅

﹤
外部视角

在游戏中提高运动水平

AM幼儿园及保育园位于日本南部九州岛鹿儿岛县的一个港口城市，场地被茂密、高大的树木所环绕，周围自然风光秀丽。虽然这样的环境犹如公园一般，但是由于基地海拔较低（仅高出海平面3米），这里也容易发生水灾。洪水给幼儿园的孩子，尤其是1岁以下的婴儿带来了严重的安全隐患。因此，我们将为2岁以下儿童服务的保育室架高，并将其作为夹层设置在一楼和二楼之间。与此同时，我们还打造了各种高低不同的空间，形成了一种独特的室内设计。

夹层的保育室既与用作餐厅的二层通高的入口中庭相连，又与供3岁以上儿童使用的阁楼式教室相连。这些高度各异的区域都通向10个大小不一的楼梯、3个滑梯、攀爬杆和绳网，共同打造了一个没有尽头的自由流动的空间。如此一来，孩子们爬上楼梯和绳网，再从滑梯或是楼梯上下来，就可以在竖向平面上获得足够的运动量。而这些楼梯、滑梯等设施带来的"无效空间"就变成了孩子们的"秘密基地"，有时还兼作图书室、游戏屋和创意活动室。高度不超过2米的底层架空柱具有中央区域的显著特征。孩子们非常

喜欢分布有"小山丘"、攀爬架和秋千的游乐场。最重要的是，即使外面下雨，孩子们也可以进行室外活动。

这片场地上曾经有一座教堂，如今也还保留着一个小礼拜堂。AM幼儿园及保育园像教堂一样面向整个社区开放，入口的餐厅也面向社区居民开放，家长们来接孩子时可以在这里互动交流，将其当作与社区咖啡馆一样的地方。

〉
利用楼梯下方的空间打造
一个游戏角落

収集雨水的浅水池

沿着楼梯安装的滑梯   图书室空间

> 一个洞穴一样的小空间，
> 是孩子们的"藏身之处"

∧
可欣赏室外花园景色的卫生间

∧
夜景

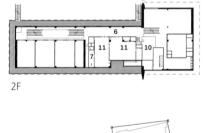

2F

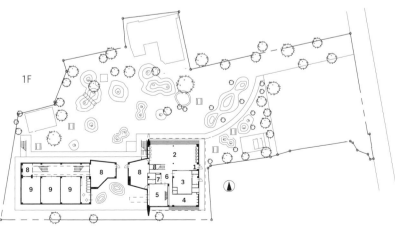

1F

平面图
1 入口
2 餐厅
3 厨房
4 工作室
5 员工室
6 走廊
7 儿童卫生间
8 储藏室
9 保育室
10 图书室
11 0~2岁幼儿教室

HZ幼儿园及保育园

完成时间： 2015年
面积： 1107平方米
摄影： 井上龙二/包豪斯工作室

2016年Architizer A+大奖/2016年IAI设计奖最佳人文关怀奖/2016年世界建筑节决选项目/2015年日本九州建筑奖荣誉奖/第9届日本儿童设计奖

日本，冲绳

从传统建筑中汲取智慧

HZ幼儿园及保育园位于日本最南端的冲绳县宫古岛。宫古岛气候属于亚热带海洋性气候，被蓝色海洋和珊瑚礁包围，并延伸至琉球石灰岩分布的区域。

除了保证阴凉通风，幼儿园还需要给人以开阔的感觉，但也需要在台风来临时能够对中央区域进行封闭和保护，因为在这个炎热、潮湿的地区，台风时有发生。因此，该设计

参考了长期以来在冲绳（尤其是宫古岛）的传统建筑实践中广泛使用的降低天气影响的策略。

幼儿园的外立面采用网格镂空图案的混凝土砌块，极具当地特色。这种厚重、坚固的结构既能保证内部空间不受被强风刮来的碎片和强烈日照的影响，又不遮挡视线，不影响通风。外墙贴砖的颜色与当地传统建筑材料红砖的颜色相近。当地住宅常用的传统花卉

图案也被有意识地融入设计中，以确保建筑与周边区域融为一体。

幼儿园的建筑勾勒出狭长地块的轮廓。从院落进入的访客会先经过工作坊，然后是中庭、庭院、用餐区和露台。空间全长80米，使用了大量的木材，形成了一个阴凉的庇护所，时不时有凉爽的微风吹过。令人愉悦的阳光通过面向庭院的宽阔入口洒向室内，庭院内生长着宫古岛本地特有的榕树和福木树，孩子们可以通过树木开花、结果的过程感受四季的变化。此外，打开二楼教室的推拉窗，孩子们也能感受到成熟的果实的香气和四季的微风。

设计力求给孩子及教职员工带来灵感，期待他们能创造出新的方法去利用HZ幼儿园及保育园的空间。目前，工作坊、中庭和用餐区还可承办活动和研讨会。当家长、社区居民和管理者通力合作时，儿童保育机构的潜力可以超越幼儿教育的范畴，这也是HZ幼儿园及保育园希望向全世界展示的。

〈

像隧道一样的底层空间，每个孩子都可以在这里找到令自己感到舒适的角落

〈

内部庭院

〉

露台，外墙上厚厚的块状结构使冲绳耀眼的阳光变得柔和

^
厨房和餐厅

《
供较小的孩子使用的游戏室

〈
复式结构的游戏室

︿
当滑动门完全打开时，前面
的空间成为半室外露台

平面图

1　入口
2　员工室
3　无障碍卫生间
4　游乐场
5　露台
6　餐厅
7　厨房
8　庭院
9　画室
10　工作坊
11　午休室
12　0~2岁幼儿教室
13　幼儿教室
14　儿童卫生间

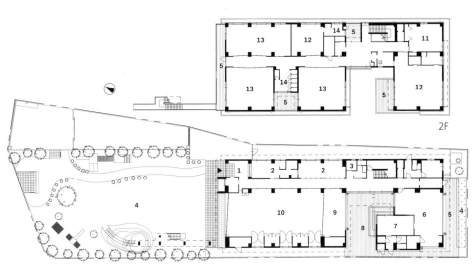

2F

1F

NFB保育园

日本，奈良

完成时间： 2016年
面积： 1181平方米
摄影： 井上龙二/包豪斯工作室

2017年Architizer A+大奖/第11届日本儿童设计奖

∧
地势起伏变化的游乐场

﹥
建筑的四周是带有屋顶的露台

平衡工业元素与自然景观

NFB保育园位于比京都更古老的奈良，这里拥有众多的世界文化遗产，但这所保育园却坐落在一处工业区内，周围是一片毫无生气的工厂。保育园已经运营了几十年，亟待翻新。

在该项目的设计中，周围的工业区非但没有遭到排斥，反而被接纳了。独特的环境成了设计的主题。工厂是创造行为发生的场所，而保育园是帮助孩子创造和孕育梦想和想象力的空间。为了更好地体现这种相似性，项目在室内设计中融入了工业元素，建筑外观则采用朴素的立面，以便与周围的环境相衬。这些与运动场上繁茂的绿色植物形成了鲜明的对比。

保育园是教育和个人成长的场所，最好避免使用浓艳的色彩和过多的游戏设施。NFB保育园位于工业区的独特位置条件恰好可以促进儿童空间的创造性迭代。孩子们在这里可以自由地思考和创造，不会受到周围粗犷环境的影响。

对工厂特有设计元素的借用也为孩子们带来了学习和探索新事物的机会。卫生间内的管线裸露在外，通风设备采用透明的管道，以帮助孩子们了解建筑内的气流和水流通道。这些设计元素最初看上去可能显得有些奇怪，但是久而久之，它们会激起孩子们的好奇心。

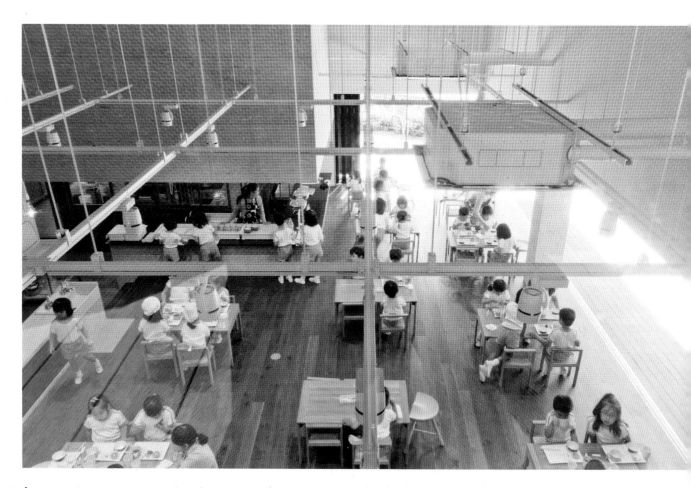

∧
餐厅

∧
裸露的水管能使孩子们了解
关于水和能源系统的知识

∨
走廊内景

∧
空间中只使用了自然的颜
色，偶尔点缀不显眼的不锈
钢色

由镀锌钢板制成的标识

<
有趣的标识

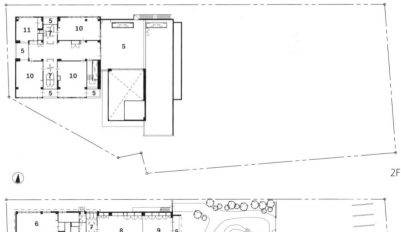

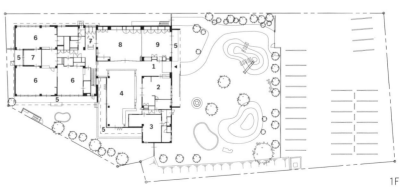

平面图

1　入口
2　员工室
3　厨房
4　餐厅
5　露台
6　0~2岁幼儿教室
7　儿童卫生间
8　大厅
9　育儿配套室
10　幼儿教室
11　多功能教室

2F

1F

IZY幼儿园及保育园

完成时间：2020年
面积：867平方米
摄影：曾我利成/包豪斯工作室

2021年日本经济产业省大臣奖/第15届日本儿童设计奖/第54
届中部日本建筑奖

日本，爱知

传统又现代，与寺庙区域融为一体

这所幼儿园位于日本本州岛爱知县南部的知多半岛，基地在一座古老的佛教寺庙旁的绿地上。那些建造神社和寺庙等传统建筑的技艺精湛的木匠就曾居住在这片区域，因此，幼儿园的设计需要与寺庙及其周边区域的美学原则相融合。

幼儿园靠近寺庙的一侧安装了百叶窗，以便打造整洁的外观，同时也使访客能够看到孩子们的活动，从而使幼儿园与寺庙建立起柔和的联系。与之相对的一侧则面向开放的花园。

在这所幼儿园内，有很多传统寺庙建筑中的日式元素，如格栅和屋顶瓦片的图案，借助天然材料得到了现代诠释。这些元素还被用到幼儿园的墙壁、隔断、天花板等区域，在向周围环境和悠久的历史致敬的同时，希望孩子们可以接触到这些标志性的寺庙特征，以帮助他们建立认知，并逐渐培养他们对寺庙及其周围环境的喜爱之情。

嵌入寺庙的幼儿园

∧
现代建筑与传统寺庙形成鲜明的对比

〉
操场

< 一个小游戏角，下面是一张沙发

> 孩子们可以透过窗户看到厨房内的情景

∨ 一间按照儿童身材建造的小屋

∧
餐厅

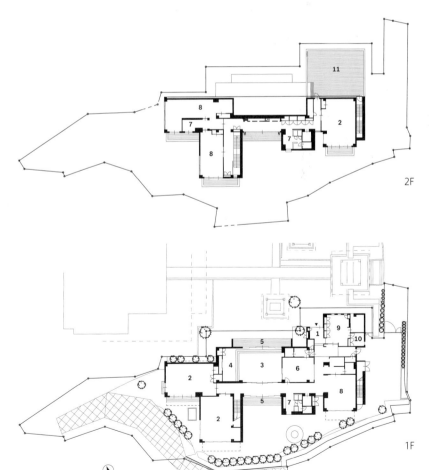

2F

平面图

1 入口
2 幼儿教室
3 大厅
4 舞台
5 室内露台
6 厨房
7 儿童卫生间
8 0~2岁幼儿教室
9 办公室
10 咨询室
11 屋顶露台

1F

OB幼儿园及保育园

完成时间： 2015年
面积： 1458 平方米
摄影： 井上龙二/包豪斯工作室

2016年Architizer A+大奖/2016年IAI设计奖最佳卓越奖/2015年日本九州建筑奖荣誉奖/2015年日本优良设计奖/第9届日本儿童设计奖

日本，长崎

沉浸于自然，成长于自然

OB幼儿园及保育园位于日本南部九州岛的长崎县，面向一个岬湾海岸。九州岛自然资源丰富，南面是平静的大海，北面有秀美的山峰。项目场地位于一个斜坡之上，海拔约为12米。这所幼儿园及保育园的设计重点是打造一个能够让人充分感受这种自然环境的建筑。

建筑被设计成倾斜的错层体块。楼梯井建立起各个区域的联系，孩子们可以在楼梯井的开放区域看到建筑内其他人的活动，无论他们身处幼儿园的哪个位置，都会有舒适、安逸的感觉。鼓励运动的创意设施遍布整栋建筑，如私密空间、网绳和黑板墙。网绳将屋顶和底层联系起来，特别受孩子们的欢迎，因为他们可以在上面训练平衡能力和玩耍。

一座临海的建筑

餐厅

从公共道路上看建筑的正面

建筑结构鼓励孩子们在所有楼层开展体育活动，并特别设计了成年人无法轻易进入的狭窄的爬行空间。此外，地板采用不同类型的材料铺就，以激发孩子们的好奇心。在这栋满是小丘和水坑的建筑里，孩子们在玩耍的过程中茁壮成长。另外，被玻璃墙环绕的画室为安静的创意工作提供了一个有益的空间。

这座幼儿园建筑的另一大特色是有一个面向大海的餐厅。这是一处宜人的空间，家长可以在照看孩子的时候欣赏大自然的美景。上方的开放空间给人以高举架的感觉，面向大海的露台使空间看起来更加宽敞。这栋建筑已经成为该社区的一栋标志性建筑。

〈
建筑的很多地方都安装了网绳游戏装置

〉
一楼走廊的一侧有一个带沙发和黑板的小游戏角

∧
安静的画室，孩子们在这里
可以专注于他们的创作

∧
黑板墙

2F

平面图
1 入口
2 员工室
3 0~2岁幼儿教室
4 儿童卫生间
5 露台
6 画室
7 餐厅
8 厨房
9 游乐场
10 大厅
11 幼儿教室

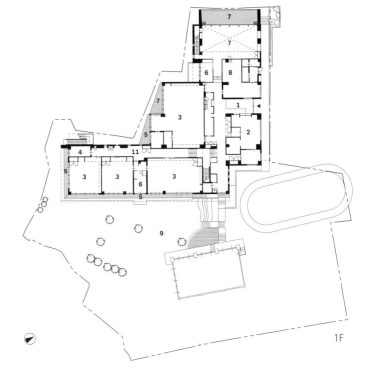

1F

SM保育园

日本，东京

完成时间： 2015年
面积： 978 平方米
摄影： 井上龙二/包豪斯工作室

第9届日本儿童设计奖

∧
青翠的庭院

林地景观中的园舍

SM保育园位于东京西部的一个城市，属于土地重新规划区建设项目的一部分。这片区域原本被茂密的绿色植被覆盖，但遗憾的是，随着大规模建设的推进，绿色植被逐渐消失。保育园是孩子们玩耍、探索和成长的地方，考虑到场地的环境背景，我们希望保育园的设计可以帮助当地社区恢复原始的风景和曾经的生活体验。树会变老，铁会生锈，为了让孩子们了解这些自然规律，我们设计了一座木结构建筑，并让各种建筑结构和材料裸露在外，同时尽量不在材料中添加化学物质，尽管这样会使材料容易沾染上污渍。有着大麦香味的木板可以刺激感官体验，与建筑相得益彰。

游乐场上种植了很多果树和草本植物，并配以手工打造的木制游乐设施。这里已经成为郊区的一处探索和玩耍的宝地，相信这个空间会恰到好处地为孩子们带来各种有助于他们成长的体验。

〈
保育园没有使用现成的游戏设备，而是请木匠建造了一个漂亮的游戏小屋

〉
在浅水中嬉戏的欢乐时光

∧
入口处的黑板墙，也是孩子
和父母之间交流的空间

∨
餐厅

∧
外部视角

＜
壁凹、开口和台阶可以成为
孩子们进行各种活动的场所

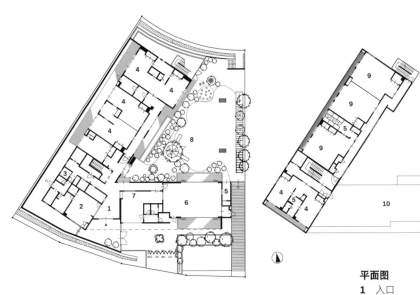

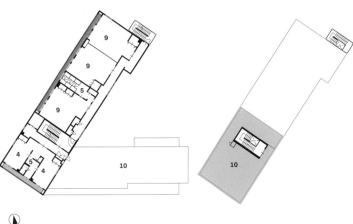

平面图

1 入口		**6** 餐厅	
2 办公室		**7** 厨房	
3 咨询室		**8** 游乐场	
4 0~2岁幼儿教室		**9** 幼儿教室	
5 儿童卫生间		**10** 屋顶花园	

FS幼儿园及保育园

日本，大分

完成时间： 2020年
面积： 664 平方米
摄影： 曾我利成/包豪斯工作室

第15届日本儿童设计奖

∧
餐厅，在这里可以看到厨房的全景

┌
外部视角

＜
巨大的屋檐下形成了一个舒适的全天候游戏场所

与树荫相连，与人相连

FS幼儿园及保育园位于北九州岛的大分县，这里有着丰富的绿色植被。取代了旧园舍的新园舍，是为了让孩子在室内也能领略到自然之美而设计的。幼儿园覆盖着像篷布一样的薄板屋顶，还有树木从上面长出来。室内设计采用各种天然材料，并以树木和树叶的颜色为主色。树木提供了阴凉，阳光透过树枝和树叶形成了闪闪发光的图案。

日本信息化的全面普及和政府对核心家庭（nuclear family）的鼓励使人与人之间的交往越来越少，即便在郊区也是如此。此外，选择在户外玩耍的孩子也越来越少，美好的乡村生活方式正在慢慢消失。考虑到这种时代的变化，建筑设计旨在让人们聚集在一起，并帮助人们建立联系。其中的一个例子是玻璃厨房，孩子们可以在这里与教职员工互动，并观察他们是如何准备饭菜的。

∧
与室外花园直接相连的画室
空间

∧
宽敞的大厅

＜
天花板高度很低的图书馆角
落，显得很安静

入口大厅

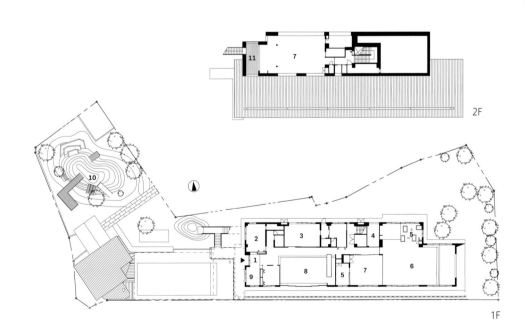

2F

平面图

1 入口
2 办公室
3 厨房
4 图书馆
5 儿童卫生间
6 幼儿教室
7 0~2岁幼儿教室
8 餐厅
9 咨询室
10 游乐场
11 露台

1F

LKC保育园，日本东京

CITY
城市项目

将建筑视为街区的一部分

出于对治安条件安全性的考虑，城市居民往往更喜欢封闭式建筑。然而，对幼儿园来说，这可能不是最好的解决方案。更好的选择是打造一个儿童和过路者可以看到对方的空间，这样的设计让社区居民也能照看到孩子。然而，更容易被人接受的方案是在建筑内创造一个监护人和社区居民经常出入的空间，从而使幼儿园成为街区的一部分。由于城市项目的场地通常不大，且周围建筑密集，因此，设计师要抓住城市景观的本质，让幼儿园与周围社区融为一体。

D1幼儿园及保育园

日本，熊本

完成时间：2015年
面积：1190 平方米
摄影：井上龙二/包豪斯工作室

2016年Architizer A+大奖/ 2016年IAI 设计奖最佳卓越奖/ 2016年世界建筑新闻奖/2015年日本优良设计奖/第21届熊本艺术都市奖/2015年日本九州建筑奖鼓励奖/第9届日本儿童设计奖

〉
庭院的景色

屋顶可以在需要时关闭

利用中庭空间捕捉流逝的时间与季节

D1幼儿园及保育园位于日本南部以气候温暖著称的熊本县。除了幼儿园和保育园，学校还经营着其他7个儿童早教项目。为了促进全球化发展，儿童早教机构需要引入更多的项目，如英语教育项目和ICT教育项目。

为了使D1幼儿园及保育园区别于其他儿童保育机构，其设计理念结合神经科学和心理学的最新研究成果，以考虑儿童的日常活动和整体成长进步等细节，帮助孩子成为最好的自己。同时，我们也考虑到了人文、气候、社区等方面的条件，并以此为基础，创造了一个有益于儿童身心健康发展的空间。

两层的建筑结构，造型酷似一个甜甜圈。一楼的中心区域通过入口和电动屋顶与室外空间相连。电动屋顶可以打开或关闭，由教职员工在建筑内创造出一系列可能需要的功能空间。例如，关闭屋顶时，这里就变成了一个可以在任何天气使用的室内运动场或礼堂；下雨时，打开屋顶，这里就变成了庭院，雨后可让孩子感受踩水坑的快乐；冬天，孩子们可以在这里观察一触即化的雪花，并围绕着飘落的雪花想出创意游戏。

园所的二层是一整个宽敞的、没有隔断或墙壁的教室。老师可以根据当天的教学计划和课堂活动自由地摆放家具，他们不需要用墙

52　　第一章　　儿童空间设计

∧
雨后，庭院里出现了一个浅浅的池塘

把各个班级封闭起来。如果老师想在半户外的环境下上课，只需要打开房间一侧的推拉窗。这种设计为教职员工和孩子带来了高度的自由，并强调培养幼儿的独立思考能力和创造能力。

〉
二层内景

∧
建筑外围环绕着一圈宽阔的
露台

∧
二层教室没有隔墙，可以通
过移动椅子和其他小家具来
调整平面布局

＜
入口处的鞋柜

^
外部视角

平面图

1　入口
2　儿童卫生间
3　底层架空的阁楼
4　0~2岁幼儿教室
5　办公室
6　厨房
7　庭院（池塘）
8　幼儿教室
9　阳台
10　中庭

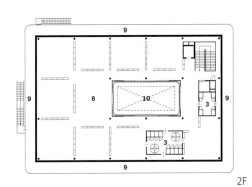

2F

1F

AN幼儿园

日本，神奈川

完成时间： 2015年
面积： 1386 平方米
摄影： 井上龙二/包豪斯工作室

2016年现代装饰国际传媒奖最佳机构、公共空间奖

变成了社区互动中心的幼儿园

AN幼儿园位于神奈川的一片住宅区内，这片区域住着很多在东京工作的人。先前的建筑结构建于45年前，由于日本地震频发，抗震标准也越来越严格，为了提高抗震性能建筑需要重建。先前的建筑有一条5米宽的走廊，小时候上过这所幼儿园的成年人回忆说，他们经常在这里与小伙伴们嬉戏玩耍。为了保留这份情感印记，并增加与先前建筑结构的历史联系，新建筑保留了这条走廊。

作为对老建筑进一步的致敬，我们在建筑中央设计了一条宽敞的新走廊，走廊两侧设置教室、礼堂及其他房间。新走廊比旧走廊更宽，并设有攀岩墙和一个秘密小屋，楼梯下面还设有游戏区。可以说，走廊就像一片广阔的森林，有很多隐秘空间等待孩子们去探索和玩耍。

日本的平均气温和湿度很高，不完全依赖电力的新一代环保建筑正在建造中。我们以此为方向，在一楼和二楼之间留出空间，并安装高高的侧窗，以获得更多的自然采光和通风，这样可以减少日间对空调和人工照明设施的依赖。

∨
楼梯下面的一条小隧道

∧
悬浮于中庭的小屋是孩子们
理想的放松空间

〉
小屋

可供孩子们聚会和玩耍的宽
阔走廊贯穿每层楼的中心
区域

∧
孩子们在攀岩墙和黑板墙边
玩耍

＞
入口处的小屋/鞋柜

∧
连贯的室内外空间

＞
开阔的游乐场

外部视角

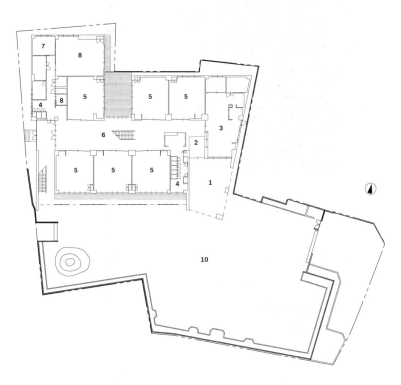

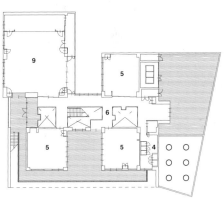

平面图
1 底层架空阁楼
2 入口
3 办公室
4 儿童卫生间
5 幼儿教室
6 走廊
7 育儿配套室
8 会议室
9 大厅
10 游乐场

ATM保育园

日本，大阪

完成时间： 2017年
面积： 1080 平方米
摄影： 井上龙二/包豪斯工作室

2018年美国建筑大师奖/2018年国际设计传媒奖/日本建筑学会2018年建筑设计精品奖/2017年日本优良设计奖/第11届日本儿童设计奖

再现儿童玩耍的经典场景

ATM保育园所在的街区在20世纪60年代经历了高速的发展，是日本新城运动的一部分，这场运动让街区的景观变成了同质化、多单元的公寓建筑。一个孩子的性格常常受到他所就读的保育园的影响，而这个保育园通常又受到其所在地区的历史和风景的影响。这一认知启发了我们的设计灵感——重新解读在城市历史中扮演重要角色的住宅建筑群，唤起保育园与其他建筑的联结感。

借鉴公寓建筑的一大特点，建筑的外围环绕着露台，营造了一种微妙的凹凸感。站在这些阳台上，可以俯瞰"小山丘"和"谷地"，以及攀岩墙、斜坡、长凳、攀爬架等设施，让孩子们在玩耍的同时能够进行体育锻炼。虽然一开始有些让人害怕，但如此崎岖不平、对体力有一定要求的环境——如果能够接受孩子们的一些小擦伤和小挑战——可以让孩子变得勇敢、独立、自信。

∧
每个房间都朝院子开放

‹
外部视角

保育园的内部设计旨在将访客的目光引至不同的地点。例如，厨房和餐厅采用开放式布局，这样访客不仅可以看到建筑内外的景象，还可以看到远处的道路。调整后的空间，使社区居民总能够看到孩子们活动，而孩子们也能瞥见建筑外面的喧闹景象。每间教室都有面向庭院和走廊的大窗户，孩子们也可以看到其他班级的小伙伴。

为了保障安全，很多保育园都与周围环境"隔绝"，而ATM保育园却故意面向外部开放，以便让整个社区的居民都能照看孩子。保育园也是充满活力的新社区的文化中心，当地居民已经开始频繁地使用露台进行社交活动。这也有利于培养孩子们的社交能力，因为他们有机会与各种各样的人互动。

∧
与周围景观和谐相融的建筑

＜
带有露台的餐厅

∧
让路过的社区居民可以看到
孩子。通过这种方式，整个
社区都可以帮忙照看孩子

∨
孩子们可以通过无数的开口
和窗户看到对方

∧
一间两层的秘密小屋

∨   ＞
正在爬上屋顶的孩子   围着一棵具有象征意义的大
                         树设置的网绳游戏设施

∧
从前方道路看到的建筑外观

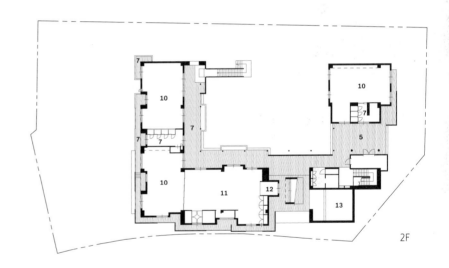

2F

平面图
1 入口
2 办公室
3 厨房
4 餐厅
5 露台
6 育儿配套室
7 儿童卫生间
8 0~2岁幼儿教室
9 游乐场
10 幼儿教室
11 画室
12 图书馆
13 攀爬游戏设施区

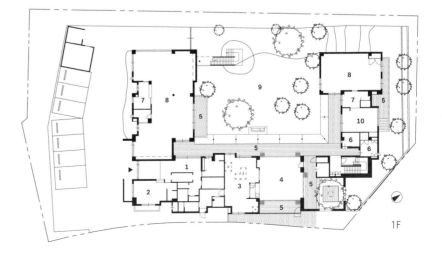

1F

EZ幼儿园及保育园

完成时间： 2019年
面积： 2081 平方米
摄影： 曾我利成/包豪斯工作室

日本，福井

︿
楼梯下面的一个小型洞穴式
空间

﹀
中庭景观，孩子们可以在这
里以各种创新的方式玩耍

为孩子们提供沉浸于自然山地的体验

EZ幼儿园及保育园位于日本福井县，面朝日本海。场地位于足羽山附近，我们的设计理念便是为孩子们提供沉浸于自然的体验。

为了营造一个让孩子们在室内也能活动的环境，我们观察他们在自然环境中的游戏行为，打造了一个设有多样化游戏区的复合场地。在这里，孩子们可以在网绳游戏设施上跳跃和横荡，在楼梯下方满是木球的浅池子里滚来滚去，或是捡起木球扔着玩，从带有斜坡的隐秘角落滑下来或爬上去。每个游戏

区都为孩子们提供了大量的机会去拓展他们的兴趣和创造力。

楼梯或沿建筑墙壁设置，或设有围栏以确保安全。园舍中央有一条楼梯，意在模仿攀登足羽山的山路。多层次的楼梯创造了丰富的

角度，为孩子们提供了一个有趣的游戏场地，也让他们可以从高处观察园舍空间。

其他类似的受自然启发而打造的游戏场地遍布幼儿园各处，鼓励孩子们想出全新的游戏方式，自己去探索，并从中获得成就感。

∧
餐厅

∧
一面很长的墙，鼓励孩子创造自己的游戏方法

＜
大厅

∧
朝向庭院开放的餐厅

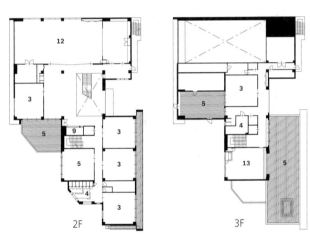

2F   3F

平面图

1　入口
2　办公室
3　幼儿教室
4　儿童卫生间
5　露台
6　园长室
7　厨房
8　餐厅
9　攀爬游戏设施区
10　0~2岁幼儿教室
11　游乐场
12　大厅
13　育儿配套室

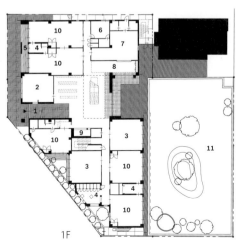

1F

KM幼儿园及保育园

完成时间： 2016年
面积： 1224 平方米
摄影： 井上龙二/包豪斯工作室

2017年Architizer A+大奖/ 2017年中国好设计奖/2017年美国建筑大师奖/ 2017年日本优良设计奖/第11届日本儿童设计奖

日本，大阪

∧
绿意盎然的景观

∧
在庭院中创造了丘陵地形

在有限的平面规划中打造主动游戏的设施

日本的城市里有一些小型日托中心，其中有些设在单体建筑内，其他更多的则建在狭窄的土地上。KM幼儿园及保育园就坐落在一处狭小的地块上。园舍已建成40余年，已经十分破旧，且面积有限，需要翻新、重新设计，以创造一个允许孩子们在有限的平面规划下获得充分锻炼的空间。

在园舍的庭院里，一条长长的斜坡从地面延伸到屋顶。孩子们可以沿着斜坡跑到屋顶的小型游戏区玩耍，再从楼梯走下来回到庭院。这种布局使孩子们可以在有限的空间中自由活动。不同高度场地的使用扩大了体育活动的范围，园舍的管理人员也证实了与在旧建筑中相比，孩子们在新建筑中更加活跃。

此外，在江户时代，该地区是棉纺织品的主要产地，因此，房间标识和挂毯都采用了可以反映这一历史特征的纺织品和图案。孩子们能够接触到各种各样的纺织品，感受它们柔软的质感。我们希望孩子们可以在这种环境中自然而然地对家乡产生热爱之情。

∧
餐厅

∧
幼儿教室的游戏墙和镜子

＜
大厅——台阶也可以作为孩
子们的座椅

<
画室的天花板较低，以营造
安静的氛围

>
外部视角

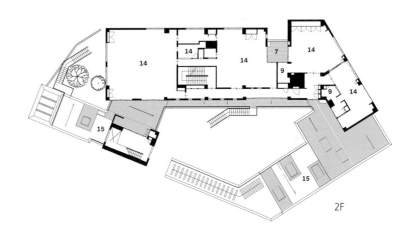

2F

平面图

1　入口
2　公共休息室
3　大厅
4　厨房
5　餐厅
6　图书馆
7　露台
8　幼儿教室
9　儿童卫生间
10　画室
11　游乐场
12　办公室
13　育儿配套室
14　0~2岁幼儿教室
15　屋顶花园

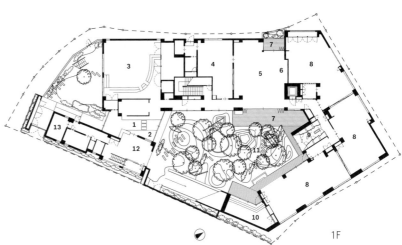

1F

LKC保育园

日本，东京

完成时间： 2018年
面积： 344平方米
摄影： 曾我利成/包豪斯工作室

第12届日本儿童设计奖

与社区、自然和艺术产生互动

LKC保育园位于东京最负盛名的一片住宅区内。虽然这片区域的城市景观较为陈旧，但有很多高层住宅、商业和文化设施，以及近期建成的便利设施，吸引了很多收入较高的年轻家庭。保育园的位置可以俯瞰到远处的河流，为了对抗日益加速的城市化进程，我们希望充分利用地理位置优势，将其打造成可以让孩子们感受到四季变化和人际交往的空间，同时也希望这里可以成为一个与社区、自然和艺术产生互动的社区中心。

∧
门厅，内部空间犹如一个画廊

〉
花园里的一条小径

〈
尽可能多地保留了场地上原
有的树木

保育园的建筑是线性的，给人以现代的感
觉。由于这个社区的文化氛围较浓（有些居
民甚至会经常参观涩谷和青山的文化中
心），建筑元素中融入了很多艺术转译的想
法，例如，外立面安装了反光面板以反映季
节的变化和周围人的活动。为了鼓励艺术创
作，我们还打造了一间工作室和一条可以展
出艺术作品的长廊。这些元素增强了孩子们
对艺术的敏感性，使他们能够通过自然和艺
术与人互动。

︿
前临优美河景的艺术画廊

﹀
一间通向花园的温馨画室

↑
孩子们可以透过窗户看到正
在烹制的美食

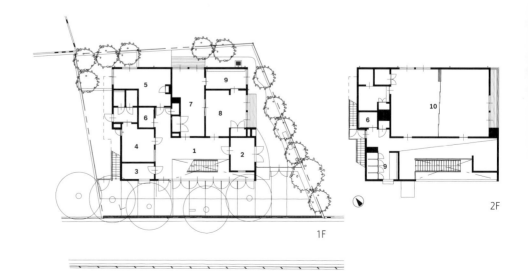

平面图
1 入口大厅
2 画室
3 办公室
4 厨房
5 员工室
6 无障碍卫生间
7 2岁幼儿教室
8 1岁幼儿教室
9 儿童卫生间
10 幼儿教室

1F

2F

M，N 保育园，日本神奈川

INTERIOR PROJECTS

室内项目

将自然引入室内

越来越多的幼儿园建在住宅楼和商厦内，外立面的设计、公用事业设施管道和布线都是由原来的建筑设计决定的。

这类幼儿园的设计应优先考虑将自然引入室内，如在露台上栽种树木，或者积极探索将绿色植物引入空间的方式。此外，窗户的设计对自然采光和通风也是至关重要的。像泥土和木材这样的自然材料可以拓展孩子与自然的关系，让孩子获得全面的发展。

CLC中心

中国，北京

完成时间： 2017年
面积： 432平方米
摄影： 日比野设计

2019年Architizer A+大奖/ 2018年IAI设计奖最佳环境友好奖

可以根据课程类型灵活调整的模块化系统

这是一个会员制的儿童保育服务中心，位于中国北京市市中心一处高层公寓林立的开发用地上。该中心是专为附近社区的年轻家庭打造的，不仅面向儿童开放，还面向他们的父母和当地居民开放，因此，也具有社区中心的功能。

建筑改造的目的是改变原来不适合作为幼儿园兼保育园的空间设计。受遍布北京老城区的胡同的启发，"胡同游戏"的设计概念应运而生。我们在层高很高的半椭圆形空间内置入一系列小型结构，形成曲曲折折的小巷。这样的设计可以很容易地在其他地方复制和重新安装，以符合当地特定社区和教育项目的需求。

这些小型结构是由多个集装箱尺寸的模块组合而成的，上方是阁楼式的空间。每个模块对应一个学习项目，使用者可以根据学习项目的需要自由拆卸和重组模块。这些模块通过一定的空间布局就形成了类似胡同的小巷，小巷两侧都是供孩子们聚集或阅读的空间。

室内配色只有两种，一种用于模块的外墙，另一种用于地板、墙壁和天花板，营造了一种简单而温暖的氛围。这种模块化设计降低了采购和维护成本，同时赋予新中心以独特、鲜明的风格。

室内花园种满了植物，并设
有一个沙箱

∧
集装箱模块周围形成了不同
宽度和高度的通道

「
空间中置入了若干集装箱大
小的模块

˅
在大厅玩耍的孩子们

∧
模块下方的图书馆空间

∧
一个孩子试图爬上悬浮在空
中的模块

〉
图书馆空间

∧
一个模块的内部

∨
夜景

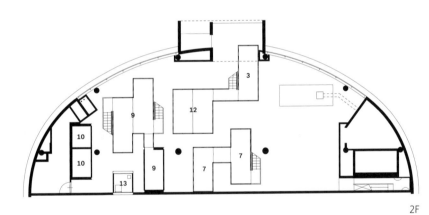

2F

平面图

1　入口
2　休息室
3　社区花园
4　餐厅
5　小屋
6　游戏室
7　多功能自习室
8　接待处
9　图书馆
10　儿童卫生间
11　0~2岁幼儿教室
12　咖啡馆
13　玩具库

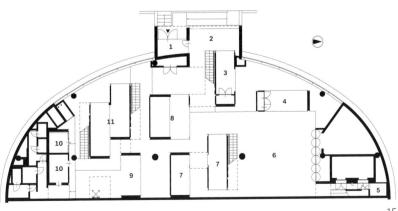

1F

M, N保育园

日本，神奈川

完成时间：2017年
面积：392平方米
摄影：吉见二郎/包豪斯工作室

<

大厅内景

属于孩子，也适合成人

项目位于日本横滨市市中心的滨海城区，这里随处可见前来购物和休闲的游客，还有很多在这片区域的高层建筑内办公的人。M,N保育园就位于其中的一个高层建筑内。保育园是一家婚礼承办公司为自己的员工开办的，由于工作性质的原因，这家公司的员工在工作日和节假日都有可能上班，因此，保育园全年开放。

在室内规划中，一堵矮墙沿着保育园面向街道的一侧向内折叠、翻转，对空间起到了重要作用。矮墙上开了很多孔洞，使墙里墙外的空间建立起联系，部分墙体还变成了长凳和桌子。墙体形态的变化形成了很多鼓励孩子们自由玩耍的场所。设计中还加入了为家长打造的区域，特别营造了适合成人的环境，其中包括摆放更具现代感的家具，如单色的桌子，它们与外部的现代城市景观相得益彰。

保育园的设计旨在培养孩子们的创造力，同时也是家长在"家庭"和"工作"中所处的两种心理状态之间的一个过渡空间。就此而言，室内装饰和家具设施均无比舒适，氛围也令人放松，为等待接孩子的家长提供了可以稍作休息的空间。

> 保育园位于大楼的二层

∨
向公众开放的绘图窗口

∧
折叠式墙壁塑造出形式各异
的场地

∨
孩子们欣赏着城市的景色

＜
带有厨房柜台的餐厅

<
夜色中的外部视角

平面图

1　入口大厅
2　保育园
3　儿童卫生间
4　办公室
5　厨房

KB中小学综合学校，日本长崎

RENOVATION

翻新项目

以社会发展为前提进行翻新

在 20世纪70年代，日本经济高速增长，此时恰逢婴儿潮，致使全社会对保育园和幼儿园的需求激增。50多年后的今天，很多学前教育建筑已经达到了使用年限。

原则上，建筑的建造必须适应地震安全标准及社会环境的变化。通常情况下，首选的改造方式是翻新和扩建，而不是重建。设计团队的设计不仅要满足各种标准、更新设施和改善功能方面的要求，还要对学校的愿景有清晰的认识。考虑到日本出生率不断下降，设计的空间必须具有一定的可塑性，以便能够适应未来可能出现的、不断变化的需求。

ATM幼儿园及保育园

完成时间：2019年
面积：6150平方米（幼儿空间）；792平方米（婴儿空间）
摄影：曾我利成/包豪斯工作室

第14届日本儿童设计奖

日本，静冈

与社区居民亲密互动

ATM幼儿园及保育园位于一个以温泉闻名的海滨城市，每逢周末，总会有很多从东京来的游客到这里休闲放松。这里因旅游产业而繁荣，然而年轻一代大多迁居城市，导致当地总人口减少，老年人口增加。这所幼儿园是市政项目的一部分，旨在通过完善这里的儿童保育机构，提高生活品质来振兴城镇街区。

项目计划将一所市立小学及其附近的一所保育园改造成一个幼儿园兼保育园。老建筑有50多年的历史，原有布局是一排排沉闷、统一的教室。我们希望改造后，幼儿园及保育园的孩子之间及家长与孩子之间可以实现无缝交流。为了达到这样的效果，室内墙体被拆除了，以方便自由走动；外部围墙也被拆除了，使幼儿园及保育园面向社区开放。建筑前部设有一个可以让当地各年龄段居民互动的空间，为儿童和家长营造了更为温馨的环境。

<
儿童厨房和餐厅，阳光和微风通过中庭进入地下层

\>
幼儿教室外是中庭和儿童厨房

95

∨
孩子们的活动路径和视线在
建筑内随机交会

∧
一条没有墙壁的走廊穿过幼
儿教室，让孩子们和他们的
父母可以相互交流

＞
爬网游戏设施和水平梯子

∧
游戏室

∧
孩子们可以在餐台上看到厨
房内部

＞
餐厅

餐厅旁的露台，附近有一个
池塘

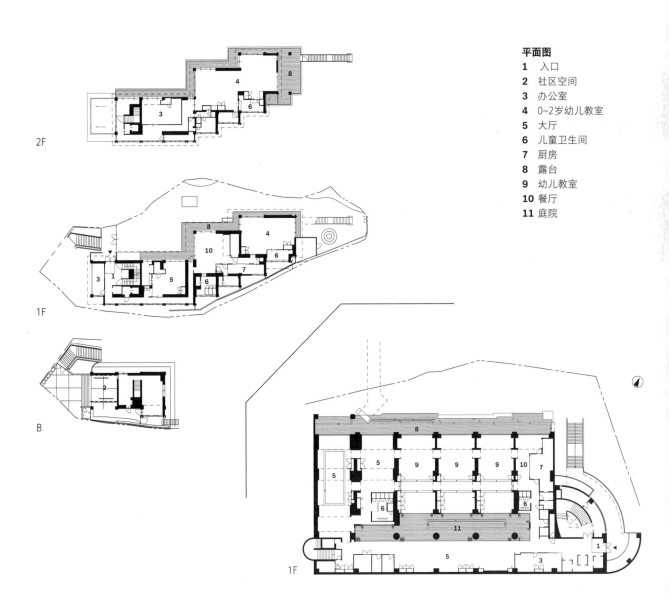

2F

1F

B

1F

平面图

1 入口
2 社区空间
3 办公室
4 0~2岁幼儿教室
5 大厅
6 儿童卫生间
7 厨房
8 露台
9 幼儿教室
10 餐厅
11 庭院

KB中小学综合学校

日本，长崎

完成时间：2019年
面积：5856平方米
摄影：曾钺利成/包豪斯工作室

2020年Architizer A+大奖/2019年日本优良设计奖

<
茶道室

善用已停用的学校建筑

长崎县的一所已关闭的中学被改造成了一所中小学综合学校。原有建筑是由钢筋混凝土建成的坚固结构。为了解决预算有限的问题，我们将建筑构架保留了下来，翻新工程以室内装修和家具陈设为主，打造满足ICT教育和自主学习等现代教学方法需要的空间。

家具是这所学校的一大亮点，体现了各个房间的功能。美术教室的不规则四边形书桌可以根据活动需要和学生人数重新排列。学习教室的逗号形书桌和安装了脚轮的椅子为小组开展创意活动提供了便利。

孩子们可以通过接触木材等天然材料来感受这些材料随着时间的流逝而发生的变化，从而了解天然材料的特性。学校的校服是我们与当地设计团队合作设计的，与学校的整体设计主题相得益彰。

这个项目对幼儿之城团队来说非常有价值，因为它探索了超越建筑和家具本身的整体设计。我们在不改变主体建筑架构的前提下成功将一所传统学校的建筑改造成了一座可以提供大量学习和探索机会的学校建筑。

∧
外部视角，后面的建筑也是
这所翻新学校的一部分

∧
餐厅的室内装饰全部采用
木材

〉
家政教室

信息技术教室

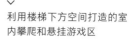

利用楼梯下方空间打造的室内攀爬和悬挂游戏区

画室，学校里所有的家具都是由日比野设计为该项目专门设计的

> 图书馆

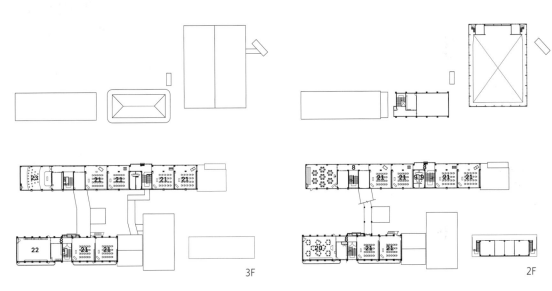

3F

2F

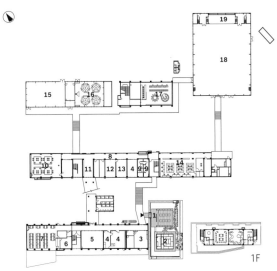

1F

平面图

1 入口	**13** 校长室
2 茶道室	**14** 教师办公室
3 学校保育办公室	**15** 工厂
4 会议室	**16** 画室
5 多功能室	**17** 图书馆
6 厨房	**18** 体育馆
7 餐厅	**19** 舞台
8 走廊	**20** 科学教室
9 卫生间	**21** 教室
10 家政教室	**22** 多功能教室
11 展示空间	**23** 音乐教室
12 办公室	

MK-S保育园

日本，神奈川

完成时间： 2017年
面积： 159平方米
摄影： 吉见二郎/包豪斯工作室

2018年Architizer A+大奖决选项目/第12届日本儿童设计奖

附有商铺的住宅建筑改造

MK-S保育园位于横滨市的一片住宅区内。为了给学龄前儿童提供教学和全托服务，MK-S幼儿园（总校）将对面一街之隔的建筑改造成了一个可以满足上述需求的空间。

原建筑是一栋有着40年历史的木屋，一楼是商铺，二楼是住宅。为了满足作为学龄前儿童教室和儿童托管教室的要求，两栋相邻的建筑经过局部加固和修缮后变身为拥有4间教室的保育园。因为保育园是街对面幼儿园的附属机构，所以其设计以"卫星"为核心概念，通过外观与幼儿园建立联系。这样既能勾勒出二者的背景关系，又能让保育园从幼儿园中独立出来，使其看上去更像是一个独立于幼儿园的场所。

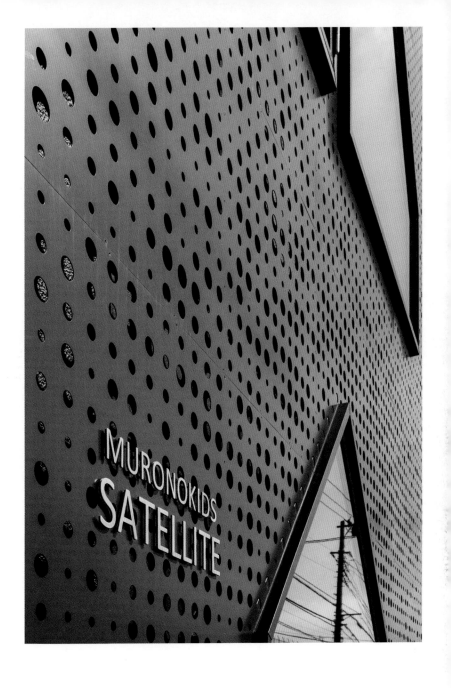

> 带有随机分布的孔洞的金属
外墙

<
外观

原有的外墙被保留下来，并借助全新的穿孔立面来体现星系的概念。由此产生的深度感赋予原建筑以全新的形象。除此之外，临街一侧房屋造型的窗户也会吸引过路者的注意，并激发他们对保育园的兴趣，因为他们可以透过窗户看到孩子们活泼的状态。室内设计的观感与室外一致，打造一种现代而温馨的装饰风格。每个房间的落地式多功能储物单元与显示器、书桌等教室设备相整合，巧妙地与作为教学工具的架子融为一体。室内空间以胶合板为主要材料，营造自然的美感，形成舒适、温馨、友好的空间氛围。

∧
教室。落地式的储物单元可
以存放孩子们的所有小物品

<
孩子们正在学习英语

∧
无论在室内还是室外，房屋
山墙形状的窗口都起到了很
好的装饰作用

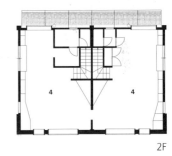

2F

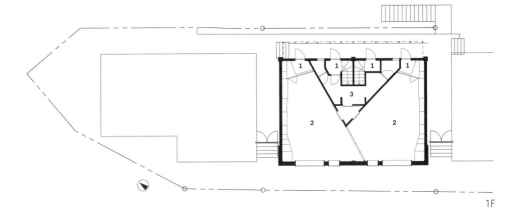

平面图
1　入口
2　幼儿教室
3　儿童卫生间
4　课后看护室

1F

QKK保育园

日本，神奈川

完成时间： 2016年
面积： 150平方米
摄影： 井上龙二/包豪斯工作室

第10届日本儿童设计奖

用花园刺激儿童的感官发育

这栋建筑原本是一个独立的意大利餐厅，后来连同其附属花园一并被改造成了一所可接收34个幼儿的保育园。由于预算有限，设计没有过多地改变建筑的外观，而是将重点放在需要翻新的区域上。

室内空间保留了原有的内部隔墙，但使用木材和钢材将它们统一起来。作为游戏空间的"小屋"遍布园舍各处，以达到让孩子们通过游戏锻炼感官、获得成长的目的。例如，"艺术小屋"安装了一块黑板地板，孩子们可以在上面随意涂鸦；"音乐小屋"安装了一块踩上去或按上去可以发出声音的地板；"味道小屋"满是干花和木头的香味。

与自然互动有助于培养儿童心智和情绪的稳定性，因此，外部庭院被改造成一个种着蔬菜和花草的小花园，能将孩子们与优美的绿色环境联系在一起。这不仅能使他们感到平静，还有助于他们了解园艺、自然及植物的生命周期，甚至是他们所吃的食物，培养他们对自然的欣赏能力。

<
花园的景色

∧
花园里长满了各种花草和
蔬菜

∧
餐厅

＞
教室

∧
建筑内部也有绿色植物

∧
独特的房子造型的游戏区

平面图
1 入口
2 办公室
3 厨房
4 无障碍卫生间
5 幼儿教室
6 儿童卫生间
7 露台
8 游乐场

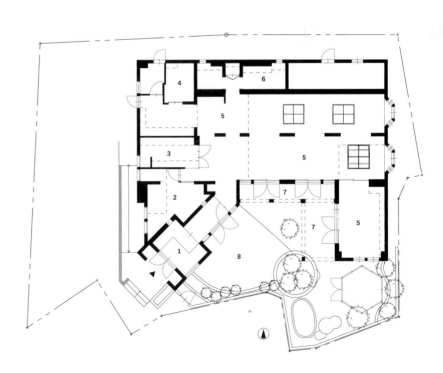

KNO保育园，日本长崎

主题5

WOODEN STRUCTURE
木结构项目

探索给孩子们带来温暖感受的木制内饰

日比野设计自成立之初就开始在学前教育设施的建筑和室内设计中使用木材，因为木制表面对儿童的心理和行为都有好处。为了开展更深入的研究，我们与来自不同领域的专家，包括福井大学大学院工学研究科讲师西本雅人（Masato Nishimoto）、京都府立大学大学院生命环境科学研究科副教授河合慎介（Shinsuke Kawai）及三重大学大学院工学研究科教授今井正司（Shoji Imai）等，一起对木制室内装饰给儿童带来的影响进行研究。研究成果已于2019年提交给日本建筑学会。

我们发现，木材的天然特性对儿童有安抚作用，在学龄前儿童房间内使用木质内饰有助于提高儿童的专注力。与用人工材料打造的空间不同，木质室内装饰能够带来舒适的环境氛围，增加孩子们学习和探索的机会，培养他们的自信心，提升自我意识以及互信、互动能力。这些素质或者能力可以通过简单的动作来培养，如挤在一起坐在地板上，趴在地上涂色或者专注于一项任务。当孩子们感到舒适和安全时，他们可以更好地学习，也会更加自信。坐在地板上这个简单的动作，在温馨环境的引导下，可以让他们达到最舒适的状态。

坐在这样的木质表面旁边，还能让孩子们在观察木材纹理和木结构的过程中探索材料的特性，获得书本以外的体验式学习机会。

SMW保育园

日本，神奈川

完成时间： 2018年
面积： 822 平方米
摄影： 曾我利成/包豪斯工作室

2018年IAI设计奖最佳卓越奖/2018年日本木材设计奖/第12届
日本儿童设计奖

∧
庭院里的景色。这座单层建
筑很好地融入了周围的居
住区

＞
每间教室都有舒适的露台

∧
像自然中的池塘一样的浅
水池

＞
家具由可迪乐幼儿设计完成

利用运动场培养孩子的独立性

在日本，越来越多的儿童无法进入保育园或幼儿园，这是一个备受全国关注的社会问题。SMW保育园位于距离东京不远的一个低层住宅区。为了解决长时间等待入学的问题，保育园需要翻修，以容纳新增的110个儿童。

近年来，对儿童安全的过度重视限制了儿童可以参与的活动，使他们很难有机会发挥创造力而自由地玩耍。对灌输式教学和其他被动学习模式的侧重也减少了他们独立思考和行动的机会。为了对抗这种具有限制性的趋势，SMW保育园的设计注重鼓励孩子们勇于尝试新的游戏方式。

传统的幼儿园设计通常将建筑置于地块的北部，将操场建在南部。SMW保育园摒弃了这一传统，让建筑覆盖整个场地，并通过不规则的造型设计在边界形成形状各异、大小不同的花园。这些花园形成的视野，使孩子们对看不到的东西产生好奇，从而鼓励并引导他们与同伴一起创造新的游戏。

此外，我们还通过不同高度的"山丘"和供攀爬的绳网等垂直元素，让孩子们保持身体的活跃。这些设施带来的益处远远大于平坦的游戏环境带来的益处。

建筑内的主要房间均采用向上、向外倾斜凸出的大屋檐吊顶，以及可以保证充足通风和自然光的活动式推拉窗。将室外景观引入室内，激发了孩子们对大自然的兴趣，并鼓励他们到户外玩耍。窗外的场地上栽种着果树等不同种类的树木，这样孩子们就可以亲眼看到季节的更替，看到自然界的变化与循环，如干枯的落叶、光秃秃的树枝、成熟的果实及以它们为食的昆虫和鸟类。

SMW保育园的室内和室外设计都反映了大自然的丰富变化，让孩子们有更多的机会去发现，并与朋友们分享自己的新发现，同时在玩耍中形成独立意识。

︿
明亮、开放的卫生间

┐
孩子们在浅水池里享受嬉戏时光

〉
与餐厅相连的小庭院

∧
餐厅

∧
教室

＜
装有网绳游戏设施的小屋

> 门厅。墙壁后面是鞋柜

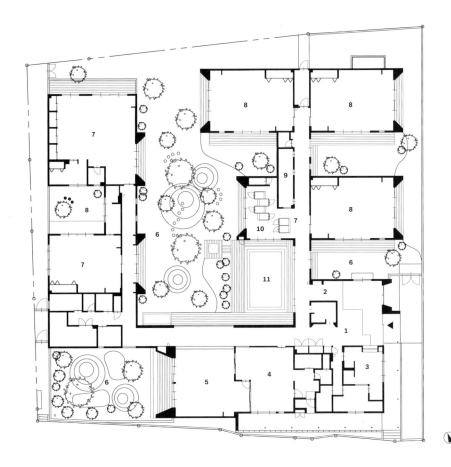

平面图

1　入口
2　图书馆
3　办公室
4　厨房
5　餐厅
6　庭院
7　0~2岁幼儿教室
8　幼儿教室
9　秘密小屋
10　儿童卫生间
11　浅水池

DS保育园

日本，茨城

完成时间：2015年
面积：1467 平方米
摄影：井上龙二/包豪斯工作室

2016年日本茨城建筑奖大奖/日本建筑学会2016年建筑设计
精品奖/2015年日本木材设计奖/第9届日本儿童设计奖

在自然环境中培养环保意识

DS保育园坐落在毗邻东京的茨城县。茨城县临海，因全年持续强风而闻名，拥有日本顶级的风力发电设施。

考虑到当地的气候条件，我们为DS保育园量身打造了一栋带有中央庭院的单层方形木结构建筑。一条走廊围绕建筑而设，让孩子们可以无障碍地跑完整条路线，不会遇到死胡同。房间和走廊有大扇的窗户面向内外庭

院，给室内空间带去美丽的风景，设置在建筑较高处的窗户可以将自然光线引入室内。

丰富的自然微风和光线创造了一个积极的环境，减少了对空调和人工照明设备的依赖。

无论在室内的哪个位置都能看到内庭院，那里一年四季都有树木在开花或结果。木制栈道、石阶小径、庭院长凳都鼓励孩子们去自然中玩耍。在DS保育园，大人和孩子都能享受当地的自然特色，感知四季的变化。

∧
从走廊看到的内庭院景色

＞
黑板墙将鞋柜环绕在内

∧
餐厅

＞
凸窗成了孩子们玩耍的空间

∧
从操场看中空的方形建筑

平面图
1 入口
2 办公室
3 社区空间
4 幼儿教室
5 露台
6 儿童卫生间
7 大厅
8 0~2岁幼儿教室
9 餐厅
10 厨房
11 庭院
12 游乐场

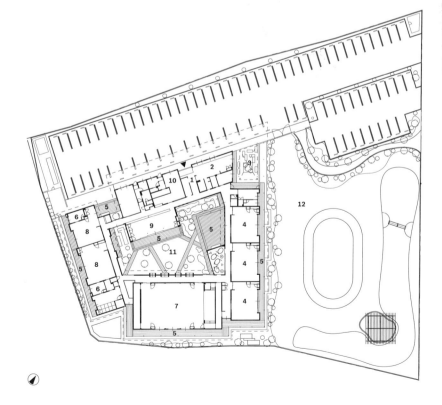

＜
孩子们坐在窗台上

KNO保育园

日本，长崎

完成时间：2019年
面积：558 平方米
摄影：曾我利成/包豪斯工作室

2020年世界建筑新闻奖/2020年美国建筑大师奖/2020年KDA
主席奖/第14届日本儿童设计奖

通过绘本和阅读角培养孩子的感受力

书籍可以培养孩子的感受力，是促进孩子与他人或外界互动的工具，KNO保育园甚至也鼓励不到1岁的孩子在绘本中探索。这座结构简单的建筑就像一栋住宅，是一个带有巨大屋顶的方形结构。室内各个空间都安装了书架，每个书架都依主题存放不同的书籍，例如，厨房附近的书架上放着有关食品和食品教育的书籍，水族馆附近的书架上是关于生物的书籍，还有一个特别的书架，上面的书籍可以帮助生病的孩子们提振精神、恢复活力。

"绘本小屋"里摆满了各种类型的书籍，"大池塘书架"恰好位于可以看到天空的天窗之下，而"绘本小巷"的两侧不仅放着适合孩子们的书籍，还有适合家长和监护人的书籍。通过这个项目，我们希望创造一个让孩子们每时每刻都可以与书籍互动的空间。

保育园还设置了各种朗读区，包括沿着"绘本小屋"内墙放置的长凳、适用于举行群组活动的大桌子、教室里的阶梯空间，以及环绕建筑的阳台。

KNO保育园的设计理念是"大屋顶下的绘本森林"——孩子们可以在他们喜欢的任何地方享受阅读、交谈和玩耍的快乐。这个保育园建筑的特色就在于通过书籍和相关活动丰富孩子们的思想。

∧
外部视角。带有大屋顶的木
结构建筑让人联想到大家庭
的住宅

∨
绘本小屋。书籍本身已经成
为这座建筑的一部分

∧
由于每个区域都呈现了不同
的氛围，因此每个人都可以
找到令自己感到舒适的阅读
场所

〉
采用深色材料的区域，营造
出轻松的氛围

∨
孩子们在走廊也可以"遇
见"更多的绘本

∨
鞋柜和黑板墙

> 建筑四周长长的露台也可以
> 成为阅读的场所

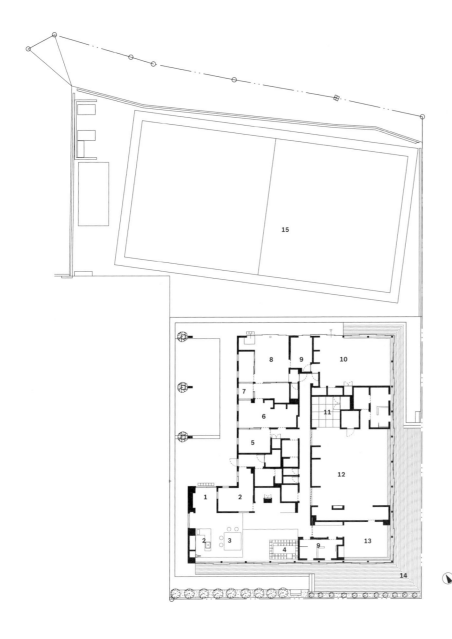

平面图

1 入口
2 厨房
3 育儿配套室
4 图书馆
5 校长室
6 办公室
7 保育人员办公室
8 病童护理室
9 儿童卫生间
10 课后托管室
11 榻榻米垫子空间
12 0~2岁幼儿教室
13 幼儿教室
14 露台
15 游乐场

ST保育园

日本，埼玉

完成时间： 2016年
面积： 1149.69平方米
摄影： 曾我利成，井上龙二/包豪斯工作室

2017年Architizer A+大奖/第5届日本埼玉建筑奖大奖/2017年世界建筑新闻奖/2017年日本木材设计奖/2016年日本优良设计奖/第10届日本儿童设计奖

∧
一个半公开的沙龙，当地居
民偶尔会前来小坐

∧
带有明亮阳台的餐厅

⟩
外部视角

促进交流能力的木屋结构

日本目前正面临出生率下降的问题，核心家庭数量的增加也导致孩子的兄弟姐妹数量急剧减少。幼儿园和保育园不同年龄段的孩子之间的联系也在减少，这被归因于孩子交流、沟通能力的减弱。

在这种背景下，ST保育园的设计以"连接"的概念为基础，采用开放式的平面规划，鼓励孩子们与周围环境建立联系。此外，幼儿园还设立了一些特定空间，以增加孩子间的有机联系，以及他们与当地居民互动的机会，促进儿童的全面发展。

这所幼儿园所在的地区以自由流淌的河流而闻名。整体建筑由相互连接的木结构组成，

其设计灵感来自曾经分布于河岸的小木屋。

倾斜的屋顶形成不同高度的室内空间。各木结构之间的空隙被转换成适合不同年龄孩子的游戏场地，创造了一种空间的流动感与节奏感。

中心庭院的大小是以促进儿童之间的互动为原则的。洗手间、阅读角、用餐区和其他空间都朝向庭院，为孩子们提供可与其他伙伴及自然交流的无障碍视野。

这样的设计既增加了孩子们互相见面的机会，又为教职员工提供了支持，方便他们照顾孩子们，有助于园所的顺利运营，也促进了教职员工之间的沟通。

∧
内部庭院

∧
图书馆空间。宽阔的走廊成
为孩子们彼此遇见的场所

＜
通过几个下沉台阶，图书馆
空间被赋予了一种宁静的
氛围

∧
曲曲折折的庭院让不同班级
（年龄）的孩子有交流的
机会

平面图
1　入口
2　办公室
3　幼儿教室
4　0~2岁幼儿教室
5　餐厅
6　厨房
7　图书馆
8　儿童卫生间
9　舞台
10　育儿配套室
11　小屋

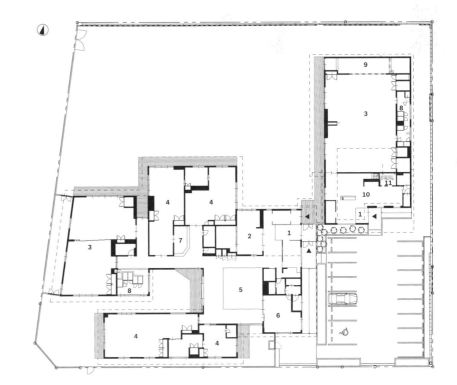

KFB幼儿园及保育园，日本鹿儿岛

主题6

LANDSCAPE
景观项目

为儿童打造一个超越建筑本身的世界

幼儿之城为儿童设计的空间并不局限于建筑，也常常延伸到景观，包括运动场和其他户外设施。然而，在铺满碎石的平坦场地上建造一栋建筑往往会破坏室内外空间的流线。因此，我们从不简单地设计一个适合举办年度运动会的平坦操场，而是打造将趣味元素引入日常活动的空间。

我们设计的空间允许孩子们以多种方式体验自然，例如，观察果树的生命周期，闻各个季节的花香，抑或是在小山丘和斜坡上玩耍。他们可以奔跑、探索，甚至会在不平坦的地方摔倒，但这些都是童年的基本体验。

KFB 幼儿园及保育园

完成时间：2019年
面积：2081平方米
摄影：井上龙二/包豪斯工作室

第15届日本儿童设计奖

日本，鹿儿岛

在建筑内外打造不平整的地形

KFB幼儿园及保育园位于鹿儿岛县活火山樱岛脚下的一座城市。项目的设计灵感源于两万多年前九州岛南部火山碎屑流形成的白沙台地，并结合了台地凹凸不平的地形特点。

为了突出这一设计灵感，我们围绕建筑挖了一条"沟渠"，使建筑好像建在台地上一样，这也是该项目最显著的特点。这种独特的设计吸引着孩子们进行充满活力的游戏，他们非常喜欢从斜坡爬上来再滚下去。园舍的运动场上还有很多"小山丘"、绳网、攀岩石墙等促进体育活动的游戏设施。

凹凸不平的地面或者墙面是这个项目中反复出现的主题，例如，餐厅的墙面就不平整，甚至可以让孩子们产生攀岩的想法。门厅边的狭窄空间是孩子们的秘密图书角，其中的书架也被设计成可以攀爬的样子。尽管单层建筑通常不具备如此多样的竖向活动功能，但通过独特的景观设计和细致的室内设计，我们创造了一个可以刺激孩子们好奇心，提高他们运动水平和想象力的有趣空间。

∧
孩子们不仅享受了上山下山的乐趣，还增强了体力

＜
建筑周围活力满满的景象

＞
傍晚景色

︿
大厅设有直通室外的无阶梯
通道

〈
U形建筑之间有一个水池

∧
阳光下的午餐时刻

＞
餐厅

∧

教室。阳台也是可供玩耍的
地方

∧
室内使用天然材料，简约而
温馨

＞
图书馆

夜景

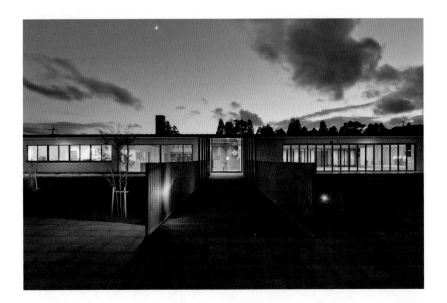

平面图

1	入口	**8**	幼儿教室
2	餐厅	**9**	大厅
3	办公室	**10**	舞台
4	0~2岁幼儿教室	**11**	图书馆
5	庭院	**12**	游泳池
6	厨房	**13**	游乐场
7	儿童卫生间		

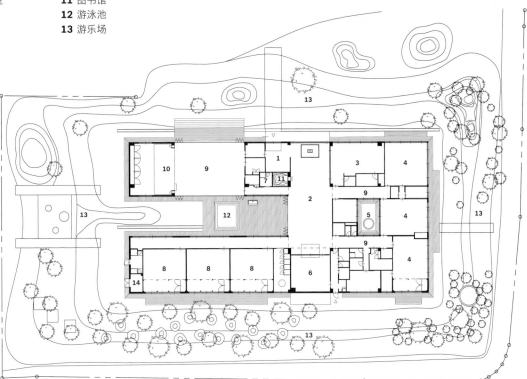

SH幼儿园及保育园

日本，富山

完成时间：2020年
面积：1585平方米
摄影：井上龙二/包豪斯工作室

2022年日本优良设计奖/2022年Architizer A+大奖/2021年
IDEA-TOPS国际空间设计奖/2021年世界建筑新闻奖/第15届
日本儿童设计奖

∧
在建筑内创造了山地般的
景观

∧
所有的组成部分都让人联想
到洞穴、池塘、山丘等地形

园舍内有十个游戏区，包括如崎岖复杂的岩洞一样的小型秘密基地、使人想要不断探索前行的隧道一般的走廊、鼓励攀爬的游戏绳网、能俯视一楼厨房和用餐区的"小山丘"，以及可以让人安心阅读的"绘本池"。

从自然地形中汲取灵感，激起孩子们的好奇心

日本的阿尔卑斯山脉，也被称为"日本的屋脊"，横贯本州岛中部。从新建的SH幼儿园及保育园可以眺望到阿尔卑斯山脉的一部分——美丽的立山连峰。立山连峰既有适合初级登山者的平缓山路，也有适合有经验的登山者的陡峭山路。各条路线的景观和生态系如树木和花卉都不相同。这些丰富多样的山路就是这座园舍的设计灵感来源。

这些游戏区能够从心理和生理上激励孩子成长，鼓励他们去探索和发现，就像去山上探险一样。我们相信，园舍中丰富多样的"地形"会促进孩子们的智力发育。我们也希望在这里度过童年时光的孩子们可以对作为该镇象征的立山连峰有更深入的了解。

∧
用餐区。从上方的玻璃幕墙
后可以俯瞰厨房的情景

> 带有斜顶的洞穴式空间

∨
图书馆空间

〈
走廊上方安装了游戏绳网

〈
置身于建筑的同时，也是在
玩一种探索性的游戏

外部视角

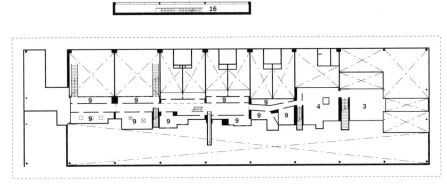

2F

平面图

1 入口
2 社区休息室
3 餐厅
4 图书馆
5 大厅
6 游泳池
7 儿童卫生间
8 幼儿教室
9 小屋
10 0~2岁幼儿教室
11 茶道室
12 咨询室
13 厨房
14 办公室
15 游乐场
16 观景台

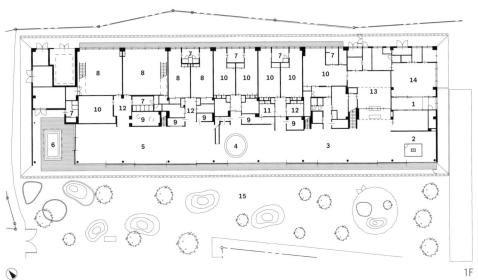

1F

151

HN保育园

日本，神奈川

完成时间： 2017年
面积： 573平方米
摄影： 曾我利成/包豪斯工作室

2018年IAI设计奖特别评审团奖/2018年Architizer A+大奖/2018年国际设计传媒奖/2018年日本木材设计奖/第12届日本儿童设计奖

参考儿童的行为和习惯设计家具和建筑

HN保育园的创办人是一位家长，他希望孩子能在充满自然元素的环境中长大。为了实现这一目标，保育园的设计理念是让孩子们可以整天接触到大自然，并在其中尽情玩耍。

在自然中玩耍可以培养孩子的认知能力和创造力。在室内玩耍时，孩子们玩的往往是工厂生产的玩具，但这些玩具已经按照设计和目的组装好了，并不具有太多的灵活性。但是，在室外活动中，季节和天气的变化、自然的色彩和纹理，以及自然中的各种景象、声音和味道，都会给孩子们带来难以忘记的生动体验。在户外，孩子们可以感受到很多细微的东西，例如，阳光的温度、泥土的触感、花朵的芬芳、天空的颜色。因此，HN保育园的设计是要使孩子们在每个角落都能感受到大自然的气息，用以自然为中心的活动充实他们的每一天，让他们有难忘的发现，并学会独立、理性地思考。

为了打造以自然为中心的环境，我们在设计细节上精益求精。教室内的大榕树可以锻炼孩子们的爬树能力；玻璃屋顶可以定格飘浮的云朵。操场上还有一个5米高的山坡，孩子们可以在这里翻滚、滑行等。即便是幼儿，也可以在这里爬来爬去，感受草地的触感。

建筑内生长着一棵树

153

<
用餐区享有户外的自然感受

宽敞的大厅

从花园看到的建筑外观

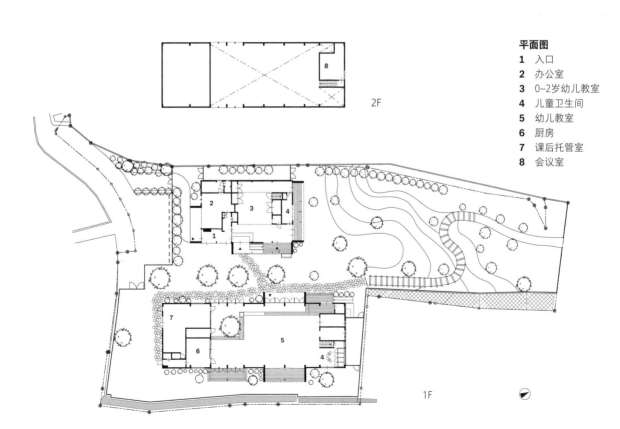

2F

1F

平面图

1　入口
2　办公室
3　0~2岁幼儿教室
4　儿童卫生间
5　幼儿教室
6　厨房
7　课后托管室
8　会议室

ibg幼儿园，中国北京

主题7

LARGE-SCALE PROJECTS
大型项目

通过孩子的眼睛看世界

在世界各地，很多新兴住宅区内新设立和即将设立的幼儿园都可以容纳400名以上儿童。这种大规模的学前教育机构必须从微观和宏观两个角度进行设计。这就需要全面了解儿童在教室内的时间是如何度过的，以及他们如何与同伴和成年人互动，还需要从更广阔的视角出发考虑周围的景观。更广阔的视角可以使建筑设计更有效率，打造出让儿童感到舒适的空间。在设计大型建筑时，好的做法是在建筑中打造不同的空间，让孩子们在这里与伙伴互动，或是停下来玩耍，甚至是在不喜欢社交的情况下躲藏起来。

ibg幼儿园

中国，北京

完成时间： 2019年
面积： 3096平方米
摄影： 日比野设计

令孩子着迷的自然元素

众所周知，幼儿园内的各种环境体验可以刺激孩子的感官发育，而这些体验如果发生在自然环境中会更有价值。位于中国北京的这所由三层建筑改造而成的幼儿园就种植了很多树木，并选用了木材、石头等天然材料。

ibg幼儿园的主要特色是郁郁葱葱的庭院和屋顶运动场，正如期待的那样，昆虫和鸟儿时常光临这里拥有很多树木的草坪，四季更替也会带来气温和树叶的变化，而这些都能激发孩子们的好奇心，为他们创造出丰富多彩的、有趣的活动，从而丰富他们的学习体

验。此外，庭院内的高低落差还能鼓励孩子们进行各种形式的体育活动，让孩子们获得必要的运动体验，帮助他们锻炼肌肉和力量。

幼儿园的房间尽可能强调功能性，以容纳大量的学生。简约的装饰有助于突出院内郁郁葱葱的绿色景观，同时也突出了周围的自然元素，如花草的芬芳、风雨的声音。

∧
在水池里玩耍的孩子

〉
内庭院的一部分铺了木板，
用于举办各种活动

∧
孩子们也可以在外面的阳台
上进餐

∧
设施丰富的庭院

<
教室墙壁上有内置书架

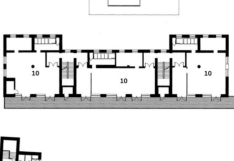

3F

2F

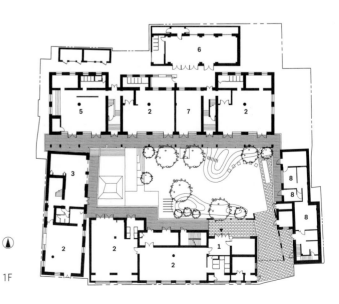

平面图
1　入口大厅
2　2~3岁幼儿教室
3　餐厅
4　儿童卫生间
5　图书馆
6　活动大厅
7　画室
8　厨房
9　4~5岁幼儿教室
10　5~6岁幼儿教室
11　办公室
12　会议室

1F

KO幼儿园

日本，爱媛

完成时间： 2019年
面积： 2710平方米
摄影： 井上龙二/包豪斯工作室

2020年IDEA-TOPS国际空间设计奖/第13届日本儿童设计奖

为孩子提供有趣的运动和互动方式

在日本，儿童的运动量和体力下降的问题受到越来越多的社会关注。通常认为，机动车使用量的增加造成了这种令人担忧的情况，减少了儿童户外活动的机会。

为了应对这种情况，帮助孩子们更多地参加体育活动，我们将一座大型建筑改造成了一个可以容纳超过450个孩子在室内锻炼身体的空间。

教室分布在一楼和二楼，两层楼的中央都有一个宽敞的开放式大厅。教室和楼梯的布置在很多地方留出了空隙以设置游戏区。大厅内还有很多游戏设施：可以让孩子们在里面跑来跑去、互相追逐的倒置圆顶；通过梯子和滑梯上下连接的小房间；还有一个空间，孩子们可以把球投向墙上不同形状的孔洞。这样的设计不仅为孩子们提供了有趣的运动方式，还保证了孩子们有机会在大厅里与不同年龄段的小伙伴轻松交流。

˅
利用夹层之间的空隙设计的一个室内游乐场

∧
位于建筑中心的大厅

∧
门厅

＜
通往秘密游戏室的梯子

165

幼儿教室

安装了网梯的游戏区

装有爬杆的游戏区

孩子们在装有斜面地板的游
戏区开心玩耍

〈
操场上有一座小山丘

M2F

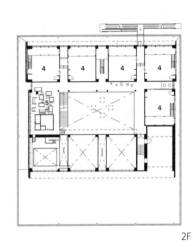

2F

平面图

1 入口
2 办公室
3 0~2岁幼儿教室
4 幼儿教室
5 儿童卫生间
6 小屋
7 大厅
8 操场

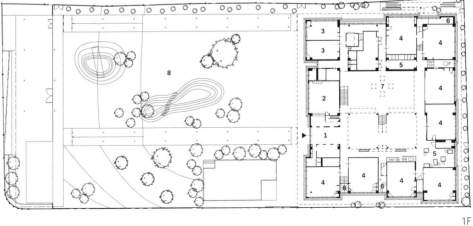

1F

第二章

Clients

Speak

园长采访

KSL保育园，日本神奈川

KSL保育园

日本，神奈川

重新定义没有户外空间的园舍

尽管KSL保育园地处城市，但其朴实无华的简单构造让孩子们感觉园舍与自然融为一体。保育园所在的建筑位于城市中心，靠近神奈川的一个大型铁路终点站，离东京不远。那是日比野设计附属办公楼的二层，办公楼的三层是办公空间和我们的自营餐厅"2343 FOOD LABO"。虽然我们在过去设计了500多个幼儿园及保育园，但这是第一家由我们自己运营的保育园。

整个楼层采用开放式布局，且充满高低起伏和变化，中心区域设有一个类似于舞台的分层平台，周围有一个舒适的画室、几个图书角和一个由镜面墙围绕的洗手间。此外，保育园有一个专门的房间用于婴儿午睡和游戏，让他们不受中心区域噪声的打扰。虽然KSL保育园没有操场，但孩子们每天都可以在附近的河边玩耍，不管天气如何。

位于办公楼内虽然可能是个缺点，但也给保育园带来了很多好处，例如，"2343 FOOD LABO"特别注重选用当地食材为孩子们提供膳食，因为当地种植的农产品无须长途运输，所以更加新鲜、营养丰富，可以减少因食物变质造成的浪费，有利于可持续性发展。通过在那里烹制的饭菜，我们努力培养孩子们健康的饮食习惯。

KSL保育园是我们对儿童保育设施的空间设计和管理进行广泛研究的成果。它为孩子们提供了一种感官的享受，也为人们忙碌的城市生活提供了可靠的支持。毫无疑问，它是日比野设计幼儿之城团队的原创作品。

完成时间： 2021年
面积： 340 平方米
摄影： 深水圭佑

2021年国际设计传媒奖

〉
画室后面的一条秘密通道

∧
幼儿教室

＞
一个孩子在房间里荡秋千

> " 我们希望通过这个空间向人们展示城市保育园的无限潜力。"

∧
厨房柜台四周的黑板墙

Q　因为KSL保育园占用的是办公楼的一整个楼层，所以这个空间几乎是不间断的：所有年龄段的孩子都在一个开放的空间里学习和互动。对于保育园来说，这是一个大胆的设计尝试。

A　按年龄段划分空间会对有限的空间做出进一步的限制。我们认为，对于2~5岁的孩子来说，一个开放、连续的空间会让他们感觉更宽敞，在室内活动也更加自由。我们对自己的这一决定非常满意。

Q　KSL保育园的无效空间和不同大小的台阶为孩子们提供了一个很好的游乐场。幼儿之城团队在设计的时候特别考虑了空间对儿童学习的促进作用。现在看来,这些设计元素是成功的,它们很可能继续出现在未来的设计项目中。作为这里的运营负责人,觉得这样的设计有任何安全方面的问题吗?

A　我们有意创造了一个通常在其他保育园不会看到的空间。在保育园刚开园时,包括我在内的员工有时都不确定该如何使用这个空间。但是,随着时间的推移,孩子们自己学会了如何利用这个空间。我们对这个空间可能发生的事情也有了一些预期。坦率地说,我对这个空间是否"用户友好"(笑)持有怀疑态度。例如,当孩子们爬上架子时,我认为这很危险。有时很难决定,我应该阻止他们,还是只是看着他们?但是,我仍然觉得让孩子们自己发现如何利用不同的场地是尤为重要的。

〈
图书馆空间

〉
供儿童自由创作的画室空间

∧
孩子们和朋友一起吃午饭

∧
卫生间的外墙被做成令人赏
心悦目的镜面墙

＞
高度与儿童眼睛位置相当的
储物柜

∧
幼儿教室

∨
幼儿的小睡时间

Q 虽然KSL保育园占据了整个楼层,但是这里没有校园操场,也没有阳台。如何解决城市保育园常见的没有户外空间这一问题呢?

A 当人们听说保育园位于办公楼内时,往往会想象孩子们挤在一个密闭的空间里。我们消除了这种印象,因为日比野设计想要创建一所世界级城市保育园。

我们的保育园内有各种各样的植物,会让人联想到森林。尽管是在室内,但这个空间给人一种与自然融为一体的感觉。这里到处都可以看见植物,孩子们很喜欢给它们浇水。此外,我们的工作人员每天都会带着孩子们步行到附近的河边,在那里,他们可以尽情玩耍。所以,尽管我们没有校园操场,但我们的孩子依然每天都能从大自然中学习和发现新的事物。

在未来,很多城市将出现更多没有校园的保育园,我们希望KSL保育园能为它们提供一个模板。

Q　KSL保育园也致力于食品教育,这里的餐饮同样由日比野设计经营的"2343 FOOD LABO"提供?

A　食品教育是我们保育园的特色之一。很多来到这里的孩子饮食不均衡或缺乏营养。在KSL保育园,他们能吃到用应季食材制作的美味食物,还能进行充分的运动,这些都能改善他们的营养状况。我特别喜欢看孩子们狼吞虎咽的样子。事实上,这些食物对成年人来说同样美味!(笑)孩子们还能看到厨房柜台上的食材,它们总是摆放得很诱人。我们的烹饪人员总是努力寻找最好的食材,甚至寻找当地的有机农场,并不断进行试验,以确定什么食物最适合孩子。

︿
午餐时间

︿
干净、明亮的卫生间

＜
鞋柜

Q 在成年人看来，KSL保育园似乎也是一个很好的工作场所。

A 我们的员工很喜欢这里的氛围，这让他们在工作时总是精力充沛。空间的能量与保育园的运作非常契合。它确保了孩子们能受到良好的照顾，成年人对每天的工作也很投入。

∧
室内绿色花园

Q 最后，能告诉我们您二位最喜欢保育园内的哪个空间吗？

A 就我个人而言，我喜欢分层平台区域宽阔的台阶。周围的植物让我很放松，还可以从窗户看到火车。这个空间感觉很有我们保育园的特色。(森隆士副园长)

我特别喜欢画室后面的角色扮演空间。新入园的孩子(尤其是1岁以下的孩子)通常很难在一个大房间里放松下来。因此，架子和窗户之间的空间有一种天然的镇静作用：尽管没有人告诉他们，但他们还是会从架子上拿起玩具开始玩。他们会先独自玩，然后逐渐学会和他们的新朋友一起玩。(松下薰园长)

∧
孩子们眺望着周围的城镇

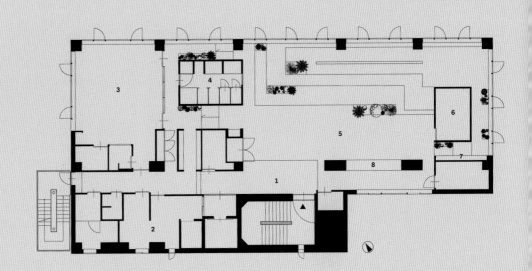

＞
保育园附近的河流是孩子们
的游乐场

平面图
1 入口大厅
2 办公室
3 0~1岁幼儿教室
4 儿童卫生间
5 幼儿教室
6 画室
7 图书馆
8 儿童厨房

YM保育园

日本，鸟取

用自然建筑改造童年空间

这家保育园位于日本鸟取县，这里的自然景观美丽多姿，人们可以看到海滩和高山。全新的设计涵盖了建筑、家具、固定装置等内容，从而实现了园舍设计的一体化。

项目的首要任务是打造一个可以吸引孩子们关注当地壮丽自然景观的空间。建筑的室内外都使用了大量当地的木材和石头。设计中还融入了当地传统手工艺品，例如，"絣织"（一种染织结合的织物）和用来制作陶瓷的窑炉。每个房间壁灯的灯罩都由编织成该房间名字图案的"絣织"制成，并因此成为房间的视觉标识。在整个项目中，精致的现代设计与传统工艺以多种方式相融合。

实木和家具用皮革使整个空间充满自然的气息。在这个园舍里，孩子们可以用脚踩在石头上，感受石头与脚底的摩擦；用脸颊贴到木头上，感受天然木材的香味；用手掌抚摸皮革，感受皮革的质感。通过在YM保育园度过的时间，孩子们可以了解到真实、天然材料带来的舒适感，以及当地社区周围自然物产的魅力。

完成时间： 2018年
面积： 1146平方米
摄影： 井上龙二/包豪斯工作室，米谷彻

2020年金芦苇工业设计奖/2019年世界建筑节决选项目/2018年IAI设计奖最佳人文关怀奖/2018年中国好设计奖/2019年意大利A' 设计奖铜奖

⌐
门厅

＞
下雨时幼儿园会出现一个浅水池

∧
从花园里看到的餐厅景色

∧
宽敞的餐厅

‹
外部视角

佐藤仁（Hitoshi Sato）
YM保育园园长

> ❝ 从情感上讲，我们周围的天然材料为孩子和成年人创造了可呼吸的空间。❞

Q 什么原因促使您重建这家保育园？

A 这座建筑最初是一所公立幼儿园，自从私有化以来，我们一直在运营它。但是，到现在它已建成将近40年了。40年前，0~1岁婴儿的日托并不常见，而且原来的建筑空间已经非常陈旧，令人感觉拥挤、狭窄，在某些方面也落后于时代了。

Q 您为什么邀请日比野设计来设计这一重建工程呢？

A 为了寻找一个一流的教育建筑设计团队，我们会见了多家公司。日比野设计的幼儿之城团队有着丰富的想象力和创意。他们的设计理念是"通过建筑珍视土地的特性"，这给我们留下了非常深刻的印象。

他们设想的保育园既能融合当地材料、融入周围的环境，又能脱颖而出。他们的创意现在变成了现实：我们的建筑使用了当地的石头、木材和"絣织"。

<
绳网游戏设备和滑梯

183

Q 您对这座新建筑的印象如何?

A 孩子们和他们的父母都兴高采烈地惊呼:"哇!太漂亮了!"我们对室内设计尤其满意。室内使用了大量的木材,不仅看起来很赏心悦目,闻起来也很清新。我们的餐厅和大厅融为一体,安装了实木地板,并开设了面向校园的落地窗。室内自然光线充足,空间温馨可人。

我们的员工每天大部分时间都要在这里度过,因此,环境对他们保持良好的精神状态起着重要的作用。我不知道这与建筑是否有因果关系,但我们的孩子在新建筑中似乎显得更自在、更宽容。对我们成年人来说也是如此。高高的天花板、天然的材料、美丽的当地风景,从情感上讲,这座建筑赋予了我们呼吸的空间。

∨
二楼的走廊

∧
由当地传统纺织品制成的
灯罩

Q 这栋建筑的大部分家具也是由日比野设计完成的,当您试用这些实木家具时感觉如何?

A 家具是YM保育园整体设计不可或缺的一部分,而且一点儿都不花哨。实木很容易维护:如果一个地方明显变脏了,我们只需用砂纸打磨一下即可。我们听从了幼儿之城团队的建议,在餐厅里使用无靠背凳,因为除了有优美的外观,这些凳子还有一个强大的功能优势——孩子们必须有意识地坐直,因为椅子没有靠背,这有助于增强他们的核心力量。

Q 这座建筑中有凹凸不平的石头表面、又高又陡的滑梯，甚至还有一个烧木柴的炉子，这些元素通常会被幼儿园和保育园视为危险因素。是什么让您决定加入这些元素的？

A 你们经常听到这样的事：人们以"危险"为理由放弃公园和学校的游乐场设备。当然，这样做可以降低风险，但同时也剥夺了孩子们学习的机会。我相信学校需要不平整的表面和陡峭的台阶，让孩子们在玩耍时有机会独立思考。当然，有些情况是危险的——在这些情况下保持谨慎是很重要的——但我们想尽可能不去限制孩子们的活动自由。员工与孩子和家长之间建立的信任关系正是YM保育园的坚实基础。

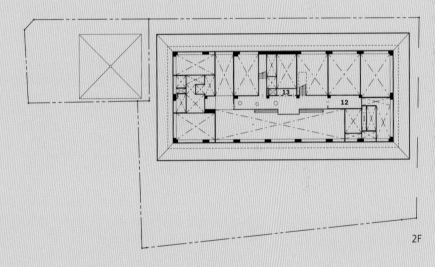

2F

平面图
1 入口
2 办公室
3 厨房
4 幼儿教室
5 儿童卫生间
6 餐厅/大厅
7 0~2岁幼儿教室
8 室内露台
9 游泳池
10 游乐场
11 课后托管室
12 图书馆
13 小屋

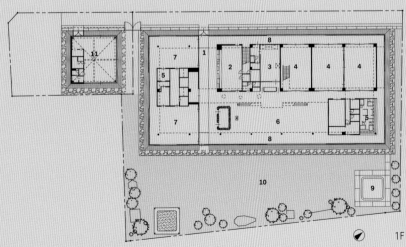

1F

WZY幼儿园

中国，贵阳

鼓励孩子们持续参与活动

WZY幼儿园位于中国贵阳市某住宅开发区内一幢新建筑的三层，面积约1200平方米，还有一个600平方米的露台，由贵阳市一家倡导蒙台梭利教学法的领军企业运营。园舍的室内设计体现了这家公司的教育理念，同时也融入了贵阳当地丰富的自然元素。

蒙台梭利教育法起源于意大利，其基本理念是相信儿童具有与生俱来的自我成长能力。美国亚马逊网站的创始人杰夫·贝索斯（Jeff Bezos）和谷歌公司的创始人劳伦斯·爱德华·佩奇（Lawrence Edward Page）都接受过蒙台梭利教育。蒙台梭利教育强调自由和自发的活动，并使用独特的教学工具鼓励批判性思维。

WZY幼儿园的设计将建筑和周围环境作为教学工具，外墙用于教授数字和数量的概念。植被丰富的运动场与餐厅及阅读角相连，别具特色。将教育理念融入建筑内外的设计能让孩子们感到兴奋，同时也有助于鼓励他们去探索发现、独立思考并获得多样化的体验。整栋建筑尽可能使用本地材料。

这个室内设计项目结束后，客户又向我们提出了另一个幼儿园的建筑设计邀请，目前正在进行中。那个项目将包括一个花园，其设计灵感来自贵阳的丘陵地形，室内和室外游乐场也将与当地的地形相呼应。

┐
图书角（近侧）和爬网游戏设备（远端）

完成时间： 2019年
面积： 1200 平方米
摄影： 日比野设计

˅
餐厅

辜正叶（Gu Zhengye）

WZY幼儿园董事长兼创始人

> 66 有时，孩子们太爱幼儿园了，这可能也会引发一些问题！（笑）99

Q 您为什么会选择邀请幼儿之城团队设计您的幼儿园呢？

A 在研究建筑事务所时，偶然看到了幼儿之城团队以前的作品照片。他们设计的D1幼儿园给我留下了深刻的印象。我清楚地记得，那是一个开放式的平面布局设计，孩子们可以自由地跑来跑去，他们还能通过落地式玻璃墙看到厨房和其他房间。他们的设计非常适合儿童，并且以其卓越的品质闻名于世。我们的内部团队确信，幼儿之城团队是最好的选择。

∨
幼儿教室。中间用玻璃围起来的地方是卫生间

> 门厅

> 室内网绳游乐场设施

∧
精心设计的标识

Q 在幼儿园开始建造时, 您和设计师有共同的愿景吗?

A 中国传统的幼儿园设计倾向于使用软垫墙壁和地板, 还会在拐角使用安全保护罩, 过分强调安全因素。但是, 培养孩子们自己判断危险的能力也是非常重要的, 而且孩子们可以从伤害中得到经验。这些是我们成年后也能用到的关键技能。这一理念在幼儿之城团队的设计中体现得淋漓尽致, 他们设计的儿童空间经常会有凹凸不平的地面和很多秘密基地。从某种意义上说, 它们可能看起来很"危险", 但它们也为孩子们提供了学习和发现的机会。共同的理念让我有信心委托幼儿之城团队设计我们的幼儿园。

∧
餐厅

⟩
大厅

Q 这是一种非常先进的理念：不要过度重视安全，应把伤害视为孩子学习和发现的机
会。家长和员工理解您的这一观点吗？

A 我们投入了大量精力去培训老师和其他工作人员，让他们了解我们对空间及其设计
的愿景。我很乐意与他们分享这些观点以及我们的教育理念。他们真正理解我们的想法，
而且也很善于将其传达给家长。

    但最让家长和工作人员信服的是孩子们的跨越式成长。在这种愉快的环境中，他们的
学习能力和身体技能得到了显著的发展。孩子们喜欢这所学校，他们说想永远待在这里，
这让老师们很为难！(笑)我希望我们的幼儿园能改变人们对于幼儿园的传统观念。

Q 自2019年WZY幼儿园开园以来，已经过去了几年。我听说你们正在建造一所新的学校，同样是由幼儿之城团队负责设计吗？

A 我们正在规划一个包括幼儿园和小学在内的教育设施。我们的目标是为促进中国素质教育的发展做出贡献。我们相信日比野设计幼儿之城团队是符合我们目标的最佳合作伙伴。

「 ∧
新项目的内部视角

〈
新项目的外部视角

平面图

1 底层架空柱		**8** 走廊
2 入口		**9** 音乐和体育教室
3 办公室		**10** 小屋
4 餐厅		**11** 图书馆
5 厨房		**12** 露台
6 幼儿教室		**13** 游乐场
7 儿童卫生间		

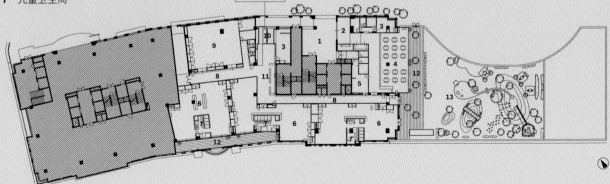

SDL保育园

中国，广州

通过园舍建筑促进个人成长与业务增长

这是一个大都市高层建筑内的保育园室内改造项目。由于地理位置的关系和处于大厦室内的环境条件，这里与大自然亲近的机会极其有限，因此，我们在设计中十分注重整体空间布局的开阔感以及植物的配置。

保育园一楼设有一个接待区域和一个展览空间。这里天花板很高，宽敞明亮，是家长和监护人参观学校时休闲的理想场所。在二楼，离入口最远，也是最安静、阳光最充足的区域被改造成0~2岁幼儿教室，而其前面的区域则通过低矮的隔墙被分隔成一些教室。这些隔墙可根据儿童人数及其他要求进行动态调整，不仅方便教师观察每个教室的情况，而且能根据教学需求"突破界限"，实现联动性教学。这些隔墙还可以用来打造让孩子们感到放松的小空间。这是一个灵活的设计方案，安全地利用有限的空间来满足学校动态的教育需求。

三楼分为3个区域：一个用于艺术和阅读等活动的空间、一个通向露台的多功能区域，以及一个办公区。玻璃和低矮隔墙的使用可以营造空间感和可视性。此外，保育园还有一个多功能区域，为孩子、家长、监护人和老师提供服务，他们也可以利用这个房间举行会议或者休息一下。

这所保育园取消了对孩子及其家庭的户口限制，具有积极的社会意义，并希望提供广泛的教育培养。目前，SDL保育园已经成为当地学前教育机构的典范。

完成时间：2020年
面积：1300平方米
摄影：曹毅

┐
阅读空间

〉
咖啡厅空间

図书馆空间

园长有话说

陈祉璇女士

笑笑教育创始人兼总裁
SDL保育园投资人

> " 对热衷于保育园和幼儿园设计的企业来说，幼儿之城是完美的合作伙伴。 "

门厅

∧
屋顶露台

Q 首先, 能给我们介绍一下您的保育园吗?您为什么邀请幼儿之城团队来设计它?

A SDL保育园位于广州市区一栋办公楼的三楼。虽然我一直在其他地方经营保育园, 但我希望这家保育园的空间能有所不同, 它可以成为顶级的教育机构。这一目标促使我选择幼儿之城团队作为合作伙伴。我在互联网上看到了他们的一些作品。他们使用简单的设计风格和大量的天然材料。他们提出的问题"为孩子们设计一个空间到底意味着什么?"真正引发了我的思考。公众倾向于认为幼儿教育设施应该是丰富多彩的。但是, 这是成年人对"孩子"的解读。我一直怀疑孩子们天生就喜欢自然的颜色, 而幼儿之城团队也有着同样的信念。

Q SDL保育园位于一座大城市的办公楼内。你对完工后的空间有何感受?

A 由于空间不是很大, 所以幼儿之城团队建议使用1.2米高的矮墙分隔空间。起初, 我担心孩子们的声音会穿过隔板, 使空间变得嘈杂。但是, 幼儿之城对此有着长期的跟踪记录, 所以我信任他们。当我们正式开始使用这个空间后, 孩子们很快就习惯了。反而是成年人花了更长的时间来适应它!(笑)那是因为我们习惯了教室被墙壁隔开。我努力培训我的员工, 让他们了解空间背后隐含的意义, 让他们明白自己工作的重要性。

\>
孩子们能看到厨房的全貌

\<
卫生间

Q   家长对保育园的看法是怎样的?

A   绝大多数家长的反应是积极的!他们对厨房和浴室特别满意。保育园的厨房装有落地式玻璃幕墙,这样所有人员都能看到饭菜是如何烹饪的。除了美观之外,这种透明度还有助于他们对我们提供的食物的安全和质量产生信任感。小屋形状的卫生间也很受欢迎,浴室则使用了高品质的设备,由于我们保持了这里的超级清洁,孩子们甚至在这里玩捉迷藏!一旦体验到这个空间的卓越品质,家长们就会越来越好奇:"他们在这里到底教给孩子什么?"

经营保育园需要的不仅是空间和热情,还有很多方面需要考虑,如成本、品牌、计划、预算和工作条件。公立保育园不费多大力气就能满员运营,而私立保育园就截然不同了。幼儿之城团队非常了解这一挑战,并为我们提供了细致的建议。对于热衷于幼儿教育的企业来说,他们是绝佳的合作伙伴。

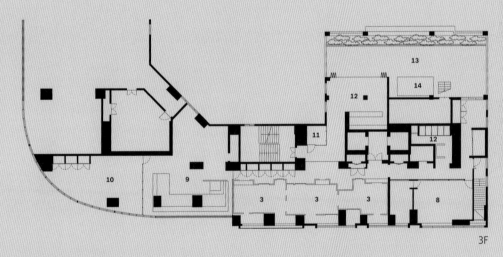

3F

平面图

1 入口
2 0~2岁幼儿教室
3 幼儿教室
4 会议室
5 大厅
6 厨房
7 儿童卫生间
8 日比野设计中国办公室
9 图书馆
10 教室
11 办公室
12 咖啡馆
13 户外教室
14 攀爬墙

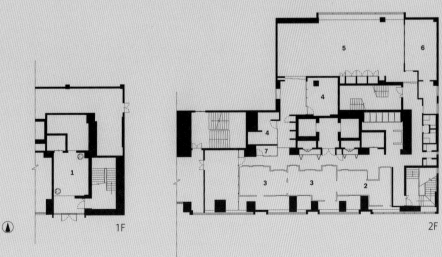

1F   2F

KR幼儿园及保育园/KS小学

日本，北海道

丰富的个人空间促进儿童身心成长

KR幼儿园及保育园位于日本北海道首府札幌的一个绿色森林公园之中，是一家经过认证的幼儿教育及保育中心。森林公园犹如"郊区海洋"中的一个绿色岛屿，我们的设计继承了这片土地的记忆和历史，充分利用地形地貌，保护而不是破坏苍翠的森林。在我们设计的幼儿园中，孩子们可以在森林里玩耍和成长，就像过去的几代人一样。

园舍坐落在一片斜坡之上，但是我们并没有平整地面，而是慎重地决定将建筑与现有地形结合起来，顺着斜坡设计建筑的室内布局。孩子们可以爬上楼梯再从滑梯滑下来，就像在树林里玩耍一样。整个建筑中有几处高架结构，例如，阶梯图书馆。孩子们还可以透过玻璃隔断俯视下沉式厨房和办公室。他们在学校的每一天，都如同在森林里进行发现和探险的游戏。

KS小学是由同一家教育公司收购的校舍改造而成的。作为可持续发展的热心支持者，我们在设计中保留了老校舍，并刻意采用粗糙的饰面，露出原有的建筑材料，如裸露的混凝土，让学生有机会了解校舍的结构。KR幼儿园及保育园以及KS小学的建筑都以激发孩子们的好奇心为宗旨，鼓励积极的交流和运动游戏。我们的客户K.T.先生是日本前职业棒球运动员，这位著名的内场手也曾在美国职业棒球大联盟打球。在结束棒球运动员的职业生涯之前，K.T.先生向幼儿之城团队寻求了建议，表达了他希望从头开始建立一所私立儿童教育学校的愿望。毫无疑问，像K.T.先生这样的业外人士有可能使教育发生彻底的变革。

KR幼儿园及保育园
完成时间：2021年
面积：699平方米
摄影：曾我利成 / 包豪斯工作室

KS小学
完成时间：2021年
面积：3675平方米
摄影：曾我利成 / 包豪斯工作室

KR幼儿园及保育园外部视角

KS小学的图书馆

> KR幼儿园及保育园建在斜坡上

园长有话说

K.T.先生

KS小学校长

66 孩子们度过大量时光的地方应该充满创意，以刺激他们的感官发展。 **99**

< 沿着楼梯设置的书架   ∨ KR幼儿园及保育园的大厅

Q K.T.先生, 您原本是一名职业棒球运动员, 您一直对教育感兴趣吗?

A 我从小就对棒球情有独钟, 并没有真正想到过教育和更广泛的社会领域。在我参加美国职业棒球大联盟的两年里, 情况发生了变化。我有机会访问委内瑞拉, 当时委内瑞拉的教育水平并不是特别高, 但犯罪率很高。善与恶的界限划分与日本有着很大的不同。此外, 我注意到中美洲和南美洲, 人们的英语理解能力不太好, 那一刻, 我才意识到, 也许多一点教育可以改变很多。

后来, 我和妻子有了孩子后, 回到了日本。我开始思考如何让自己的孩子学习。于是, 出于教育本身的原因, 我开始探索和理解教育。我之所以希望为北海道儿童的教育做出贡献, 是因为我曾在北海道队效力过, 对这里怀有深深的感激之情。

〉
利用起伏的地形设计的滑梯
和高架梯子

Q 从幼儿园及保育园到小学, 您目前所从事的儿童教育跨越了0～12岁的年龄层次, 为什么有如此大的跨度呢?

A 0～12岁这段时间对奠定一个人的性格基础至关重要。所处的环境, 如何度过这段时间, 以及与谁度过这段时间, 都会极大地影响一个人的余生。我觉得自己的工作肩负着巨大的责任, 但是它也非常令人满意且具有重大意义。

∧
台阶悄无声息地起到划分空
间的作用

∧
开放式厨房可以激发孩子们
对食物的兴趣

<
充满自然光的卫生间

Q 您为什么会邀请幼儿之城团队设计这两个校舍呢?

A 兴奋感是孩子们学习的最大动力。在幼儿之城团队设计的校舍里,我不仅产生了兴奋感,还感受到了温暖和美。我个人认为教孩子学习艺术是困难的,学习的关键是让他们在幼年时期尽可能多地接触艺术。我认为校舍需要具有高品位和创造性,因为孩子们会在这里度过大量时光。退役之前,我就向日比野设计幼儿之城团队咨询过相关事宜,那时我还没确定校舍的地点,甚至还没考虑成立一家教育公司。

Q 您能给我们介绍一下KR幼儿园及保育园和KS小学的建筑设计吗?

A KR幼儿园及保育园坐落在一个斜坡上,因此室内形成了阶梯式地面。我在寻找理想的建校地点的过程中,爱上了这个地方。它被环抱于森林之中,然而我也担心丰富的植被可能成为建造工作的障碍。值得庆幸的是,幼儿之城团队在他们的设计中充分利用了环境:他们没有砍伐任何树木,并尽最大努力保持了现场植被完好无损。

北海道通常让人联想到大自然的丰饶景象。但是,那里冬天寒冷,孩子们只能把大量的时间花在玩手机和电子游戏上。因此,该地区的儿童通常面临着肥胖和运动能力差的问题。我们的建筑能让孩子们自然而然地活动和锻炼——这是我喜欢这座建筑的另一个原因。

KS小学是一所经过翻新的学校,我们重新利用现有建筑,使其符合(联合国)可持续发展的目标。我希望建筑中露出的粗糙的混凝土表面能促使孩子们珍惜过去,形成可持续发展的意识。

〉
KS小学夜景

Q 家长对这两个校舍的空间设计有何反应?

**A 当我解释了校舍为什么要这样建后, 每个人都感到很满意。我觉得, 一旦他们理解了
学校设计与我们的教育理念之间的逻辑关系, 他们就不会再有问题了。**

〉
KS小学的科学教室

〈
KS小学的走廊

Q 您最喜欢KR幼儿园及保育园建筑中的哪个地方?

**A 三楼的窗户旁边, 我还喜欢整个园舍的景色。创建一个"绝对安全"的学校, 确保孩子
绝对不会受伤, 可能会让学校变得平淡乏味。在激发孩子们的好奇心方面, 像我们这样设
计大胆的保育园更为有效。当然, 我们会始终采取必要的预防措施。而且, 孩子们会在不知
不觉中习惯这个空间。我们需要真正相信孩子们的适应能力。**

Q 您是从一个完全不同的行业转向教育的, 鉴于您的独特身份, 能谈谈您对当今教育的看法吗?

A 我们想创建一所全新的学校的想法, 得益于我是教育领域的圈外人士。别误会我的意思!我们的老师和员工都很优秀, 都具有多年的办学经验。但同样地, 经验有时也会变成偏见。因此, 与像我这样挑战传统智慧的人进行讨论, 可以找到新的做事方法, 同时坚定地坚持我们各自的原则。我希望我们的学校继续保持这些鲜明的特色。

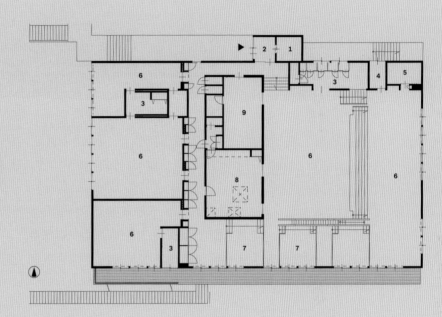

KR幼儿园及保育园平面图
1 鞋柜
2 入口大厅
3 卫生间
4 医务室
5 储物间
6 幼儿教室
7 游戏室
8 厨房
9 办公室

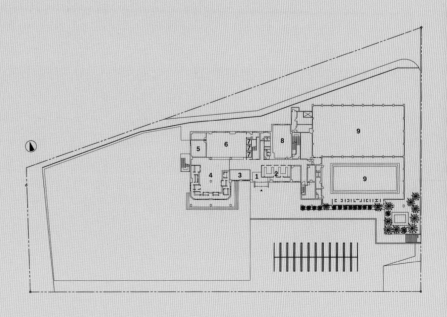

KS小学平面图
1 入口大厅
2 鞋柜
3 会议室
4 图书馆
5 校长室
6 办公室
7 聊天室
8 音乐教室
9 体育馆

SLF中小学综合学校

中国，深圳

赋予创造未来的能力：是什么造就了一所有远见的学校？

SLF中小学综合学校是中国深圳新建的一所面向7~15岁孩子的新公立学校。该项目的设计概念是"未来的学校"，旨在鼓励孩子们创造一个文明、优雅的未来空间。

对未来的思考必须以现在的环境为起点。在这个户外运动因空气污染而受到限制的地区，在新校舍的设计中注重保护环境显得十分正确。建设基地曾经是一座山坡，至今仍保留着丰富多样的自然环境特征。新校舍没有毁坏原有地貌，而是与其和谐相融，延续了这片土地的历史。高耸的屋顶、倾斜的墙壁、种植在场地上的绿色植物，以及其他建筑构件，与周围环境极为协调，减轻了建筑对环境造成的负担。设计还有效地利用了自然能源，例如，交叉通风的通道和南面的自然阳光，以尽量减少对机械设备的依赖。

SLF中小学综合学校的设计风格简单质朴，与"未来主义"一词所能唤起的神秘意象相去甚远。在这里，人——孩子、工作人员、家长——占据了"中心舞台"，形成了一个充满活力的社区。开放、透明的建筑风格促进了孩子们与周围环境亲近的关系，也让社区居民能了解学校生动活泼的教学活动。

┐
外部视角。这座建筑与后面
的小山融为一体

完成时间： 2021年
面积： 42 000平方米
摄影： 郭展鹏

〉
校园

刘荣青（Liu Rongqing）

SLF中小学综合学校校长

> ❝ 毫无疑问，丰富的感官体验和与大自然的亲密接触是创造未来的驱动力。❞

Q 您能给我们介绍一下SLF中小学综合学校吗?

A 学校从2021年9月开始运营，当时约有400个学生。现在，中小学9个年级共有1000个学生。小学有7个班，初中有2个班。

Q 您为什么委托幼儿之城团队设计新校舍?

A 传统学校重视教学和基于课程的学习，然而，SLF中小学综合学校的办学理念与此有着根本不同。首先，我们强调自主学习。我们希望学校的建筑能够支持我们的理念。幼儿之城团队提出，"创造未来"需要通过让孩子们接触自然来培养潜力。他们的愿景与我们的目标完美契合，因此，他们赢得了项目的竞标。我们目睹了他们为此项目付出的努力，从设计到管理，他们都分享了自己的意见。

Q 您觉得学校建筑的哪些方面具有吸引力?

A 这座建筑最引人注目和独具特色的地方在于玻璃幕墙和表面。你可以看到孩子们度过他们校园时光的所有地方。这样一个开放的环境还能提供充足的自然光，对人的心理健康有着积极的影响。这些设计特点使家长们对孩子的安全很放心，并有助于保持孩子、家长和老师之间的顺畅沟通。设计还考虑到了学校周围的环境，充分利用基地依山傍水的地理位置，使空间与周围山水建立联系。在这样的环境中学习，确实很令人愉悦。

Q 学生和家长及其他相关方对校舍有何反馈?

A 刚开学，学校就得到了深圳市政府办公室人员的称赞——校园充满活力。参观过学校的家长和政府工作人员都认为学校"超越了传统框架"。尽管听起来有些重复，但我们的首要任务是确保每个孩子都能健康成长，并培养他们具有真实的自我意识。我们将继续探索通过教育促进儿童个性发展的途径。

∧
每层楼的边缘都布满了绿色
植物，使这座阶梯式建筑看
起来像一座小山

＞
教室与周围的自然环境相融

平面图

1	高架入口	6	物理实验室
2	下沉剧场	7	卫生间
3	室外操场	8	普通休息区
4	教室	9	种植露台
5	办公室	10	种植区域

第三章

3

Key Designing Elements for Children's Spaces

关键设计要素

AN 幼儿园，日本神奈川

Questioning
Conventional
Wisdom
to
Envision
Fun
and
Innovative
Spaces

反思传统观念，
构想有趣的创新空间

幼儿之城设计的儿童空间在色调、材料等元素的使用上自然会有所不同，但基本理念是一致的：打造促进儿童健康成长和发育的空间。

本章将讨论构成建筑设计的要素，以及我们在设想空间时所借鉴的理论。有死角的空间和安装了大窗户的洗手间虽然不符合常规，但采用这些设计要素是为了保证孩子们在空间里过得更开心。虽然没有窗户的洗手间可以保证隐私，平坦的空间可以方便父母和监护人照看孩子，但是这些功能都是从成年人的角度出发设计的。

幼儿之城的设计挑战传统的思维定式，提倡让孩子们自由活动。

FM保育园，日本埼玉

运动场和游戏设施

将运动场和游戏设施与建筑结合起来设计

SP保育园，日本福岛

MRN幼儿园及保育园，日本宫崎

在学前教育建筑中，运动场和游戏设施至关重要，可以让孩子们在游戏中学习。很多设计师将运动场和游戏设施与建筑设计分开来看，最终呈现出来的往往是平坦的运动场，上面例行公事般地种一些花草树木，再摆一些游戏设施。

把运动场和游戏设施的设计看作学前教育建筑不可分割的一部分，可以为在运动场上和建筑内部打造一系列具有创造性的形式提供更多可能性，即使是楼梯或底层架空柱下方的死角空间也可以被利用起来，设计成秘密基地。重建的学前教育建筑也为设计创作提供了绝佳的机会，例如，利用剩余的建筑用土堆个小山丘，或者挖几条可以供儿童爬行的坑道。

HN保育园，日本神奈川

AM幼儿园及保育园，日本鹿儿岛

KFB幼儿园及保育园，日本鹿儿岛

HZ幼儿园及保育园，日本冲绳

AKK保育园，日本东京

DS保育园，日本茨城

卫生间

让卫生间变得明亮且充满趣味

YM保育园，日本鸟取

按照惯例，日本的卫生间都设在阳光照射较少的建筑北面，因为人们通常认为卫生间是容易藏污纳垢的地方，应该尽量隐藏起来。现代学前教育机构倾向于打造明亮、干净的卫生间。幼儿之城则更进一步，优先使用自然光照，这样既美观又利于健康。

清洁后仍然潮湿的地板容易滋生细菌，因此，保持卫生间地板的干燥非常重要。自然光线不仅有助于保持地板干燥，还具有杀菌的效果，总体来说，对打造明亮、干净的卫生间环境有很大帮助。

卫生间选用的配色通常应该是明亮的、令人愉悦的。开窗设计也应该精心考量，以利于自然通风。这样孩子们才不会抗拒去洗手间，因为他们对趣味元素和视觉刺激的反应非常敏锐。

KO幼儿园，日本爱媛

KM幼儿园及保育园，日本大阪

D1幼儿园及保育园，日本熊本

DS保育园，日本茨城

餐厅

厨房和餐厅也可以引起孩子们的兴趣

SGC保育园，日本东京

长期以来，厨房常常被设置在地下室或远离建筑入口的地方。考虑到饮食教育的重要性，幼儿之城认为厨房布局最好是开放式的，让孩子们能看到，而餐厅应该是让孩子们能聚在一起的场所。开放式厨房可以让食物的香气在空间中弥漫开来，进而激发孩子们对食物制作的好奇心。他们可以看到自己的饭菜是如何准备的，就像他们在家中会看到父母做饭一样。这样不仅增加了他们对食物的了解，还为他们创造了与准备饭菜的工作人员交流的机会。此外，幼儿之城团队还会不遗余力地与学前教育机构进行多次探讨，以创造出符合食品相关政策和方法的空间。

SK保育园，日本东京

ST保育园，日本埼玉

TY保育园，日本三重

SM保育园，日本神奈川

D1幼儿园及保育园，日本熊本

秘密基地

打造只属于孩子的小空间

在我们设计的儿童空间中，楼梯上方或下方的秘密小窝和具有包裹感的小屋都很受孩子们的欢迎。这些有趣的结构的入口通常十分狭窄，只有儿童才能进入，内部空间也很小，是专属于孩子的空间。

FM保育园，日本埼玉

有些学前教育机构可能不希望有这样的"隐蔽区域"，这一点可以理解，但其好处确实大于风险，因为像秘密小窝或者小屋堡垒这样的秘密基地有助于孩子们平复情绪。只要他们愿意，便可以远离嘈杂的环境，获得足够的独处时间。更何况，在秘密基地中玩耍真的会令人感到兴奋和有趣！

AN幼儿园，日本神奈川

一个游戏小屋装置，日本佐贺

M, N保育园，日本神奈川

NFB幼儿园及保育园，日本奈良

运动空间

创造能增加运动机会的空间

OB幼儿园及保育园，日本长崎

现代的生活方式导致儿童体育活动量大幅减少，而且令人担忧的是，社会越发达这种趋势越明显。在日本，无论在城市还是在郊区，儿童的体育活动量和体能都在下降，这一情况引起了媒体的广泛关注。仅仅告诉孩子们要多做运动是不会有什么效果的。

为了解决这一问题，幼儿之城会把楼梯下方的无效空间设计成攀爬墙，用游戏设施连接各楼层，或者打造可以让孩子们跑起来的宽阔的环形走廊。这些设计拓宽了儿童可以参与的体育活动和做游戏的空间，延长了可以奔跑的距离。对游戏区进行创造性的整合有助于在不改变建筑规格的前提下增加儿童的体育活动量。

KO幼儿园，日本爱媛

HZ幼儿园及保育园，日本冲绳

安全性

"封闭"并不意味着安全

ATM 保育园，日本大阪

防止犯罪及其他潜在性危险给儿童带来伤害对全世界的儿童空间来说都是一个老生常谈的话题。然而，在幼儿园周围设置高高的围墙，是否就是万无一失的安全方法呢？事实上，社区在保护孩子的过程中可以发挥重要作用。面向社区开放的布局，既可以让幼儿园的工作人员和社区居民都能照看孩子，又可以确保幼儿园不是一个孤立的实体，而是城市景观的一部分。在周围环境允许的情况下，让场地充分开放，其实可以提高安全保障性。

AKK保育园，日本东京

材料

通过保留材料本身的色彩和质地保持简单的风格

SR保育园，日本神奈川

ibg幼儿园，中国北京

KM幼儿园及保育园，日本大阪

KN幼儿园及保育园，日本静冈

WZY幼儿园，中国贵阳

很多幼儿园和保育园经常用丰富的原色点亮空间。然而，有些园舍的设计有时会失之偏颇，结果使园舍看起来更像是游乐园而不是教育机构。因此，在保留木材、铁等材料的自然色彩和外观的基础上，尽量减少色彩的使用更为明智。

这也是幼儿之城的首选方法，因为简单的配色和自然的气味有助于孩子们的感官发育。简单的背景环境有助于孩子们更好地认识色彩、熟悉色彩，找到自己喜欢的色彩，与这些色彩建立联系，并学会如何使用它们。

有选择地使用色彩，可以保证空间不会被淹没于色彩中，并且有利于空间的展开。毕竟，孩子们才是空间中最鲜艳的色彩的创造者。

多样性

将多样性作为设计的出发点

幼儿之城认为残障是一种个体表现，而且不是一种缺陷。不管身体方面还是心理方面，这些有特殊需求的孩子都会在生活中遇到各种各样的问题。因此，不要把重点放在残障问题上，而要将多样性作为设计的出发点，这一点非常重要。每个孩子的能力、长处和短处都是不同的，而周围的成年人在帮助他们认识自己的个体特征方面发挥着至关重要的作用。

我们应该为有特殊需求的儿童量身打造多感官环境，例如，有助于减少焦虑感并减轻压力的多感官训练教室。此外，建筑内外所用的材料都要经过精心挑选，优先选择触感柔和、有自然气味的天然材料。

KH中心，日本东京

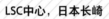

LSC中心，日本长崎

LSF中心，日本长崎

婴儿室

以婴儿的身心健康发育为主要考量指标

KNO保育园，日本长崎

HN保育园，日本神奈川

在为婴儿打造空间时，设计思路一般会有所不同。与年龄大一些的孩子不同，婴儿的大部分时间都是在睡眠状态下度过的。因此，在吊顶和采光设计方面，我们必须要考虑周全。

是将自然光线引入房间还是采用人工照明是设计团队需要考虑的重点。地板设计也是如此，尤其需要将"爬行"这种婴儿生长发育的标志性活动考虑在内。因此，通常不应选择粗糙或纹理过多的地板，因为在这样的地板上爬行会给婴儿敏感的皮肤带来不适。但是，高度变化对成长中的婴儿是有益的。地面可以略有起伏，这样有助于锻炼婴儿的体能。在使用天然材料的同时引入树木和草坪等自然元素，也有利于婴儿身心的健康发育。

地域性

深入研究当地的历史文化会获得设计灵感

地域性是设计过程中首先要考虑的因素。随着现代化进程的不断加快，了解自己所在城市及其相关历史和文化的孩子越来越少。幼儿园和保育园应当为孩子们提供了解当地的机会，让他们在成长的过程中学会欣赏当地的历史和文化。在构思项目方案时，我们需要仔细研究项目场地及周边区域的自然特征和独特形式，以确保设计与当地的情况相适应。

KFB幼儿园及保育园，日本鹿儿岛

YM保育园，日本鸟取

AKK 保育园，日本东京

M，N保育园，日本神奈川

可持续性

优先考虑与学前教育建筑及其景观相配的生态环境

OA幼儿园，日本埼玉

CLC中心，中国北京

HZ幼儿园及保育园，日本冲绳

AK保育园，日本茨城

儿童学前教育机构在将儿童培养成负责任的地球居民方面发挥着重要作用，他们应该对所居住的环境及相关的生态问题有所认识。

为了培养这种意识，践行可持续发展的理念，并将"环境意识"传承下去，幼儿之城将太阳能发电系统等类似的设施应用到了很多园舍的设计中。

环境问题是当今建筑设计必须要考虑的因素，相应地，各种解决方案被纳入我们的设计方案中，例如，实现空气对流以减少电和燃气的使用，或者打造木制建筑以减少二氧化碳的排放。我们还会仔细地探索不过度依赖设备的方法。

日本国土南北狭长，各地区的气候条件差异很大，这就要求设计方案要根据幼儿园的位置采取不同的方法，以确保设计适应当地的气候和建筑形式。

4

Furniture

for

Children

儿童家具设计

D1幼儿园及保育园，日本熊本

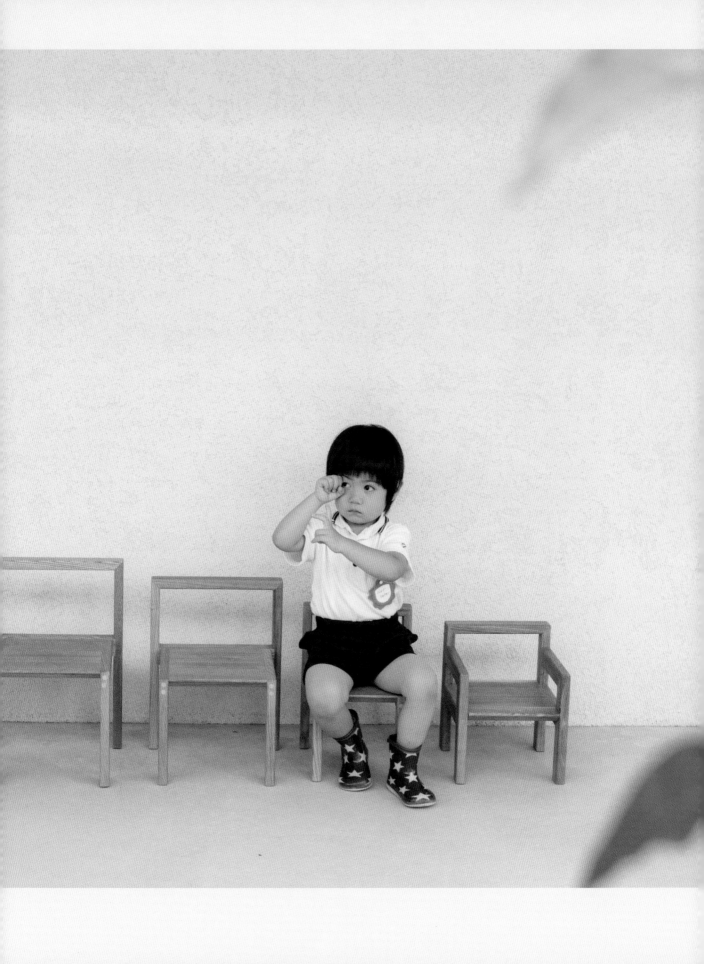

Designing
the
Components
and
Details
Within
the
Space
对空间内的组件和细节进行设计

作为一个建筑设计团队，幼儿之城长期以来一直在矛盾中挣扎，因为我们不可能对空间中的每一处细节都进行设计，尤其是家具、标识、校服等让空间更加完整的识别特征。这些细节与建筑和空间一样发挥着重要的作用。为了打破这种限制，可迪乐幼儿设计（Kids Design Labo, KDL）应运而生。可迪乐幼儿设计是一支专注于设计儿童空间内所需物品的创意团队。

为儿童设计的物品通常要么是以著名的卡通人物为主题，要么是在一个单品上使用大量的鲜艳色彩。色彩和受欢迎的人物对儿童来说非常有吸引力，但是这样的"伪装"也有可能降低他们对真实事物的欣赏能力。孩子们在成长的早期阶段看到、摸到、闻到、使用和体验到的东西都会给他们未来的思维方式和人生观带来影响。他们在这个阶段所能接触到的，或者说能形成他们人生早期"生活圈"的物品，都需要经过精心设计。

本章重点对可迪乐幼儿设计的家具设计作品进行介绍。这些作品有时也会被用到幼儿之城团队设计的学前教育项目中。

椅子

圆凳

9种颜色
白蜡木

S	M	L	XL
Φ320 mm × H280 mm	Φ350 mm × H280 mm	Φ370 mm × H280 mm	Φ370mm × H400 mm

一种4条腿的简单圆凳。由于没有靠背，孩子们会自然而然地坐直。超大号尺寸也很适合成年人。所有尺寸的圆凳都可以用作边桌，且看起来毫不突兀。

圆凳有4种尺寸，孩子们可以选择与他们身高相匹配的尺寸。这些圆凳还可以叠放在一起。

单人沙发

木材：1种颜色/皮革：6种颜色
白蜡木（框架）、皮革（绵羊、山羊、牛、猪、马、鹿）、聚氨酯泡沫（靠垫）

W469 mm × D460 mm × H400 mm / SH300 mm

孩子们也渴望拥有一张完美的沙发，坐在上面独自阅读绘本。这款真皮沙发配有舒适、柔软的坐垫，让他们感觉自己和周围的成年人一样酷。

沙发的坐垫材料采用真皮，孩子们可以了解真皮的老化过程。表面处理使皮革呈现出本身的颜色。

靠背椅

9种颜色
白蜡木

S	**M**	**L**
W380 mm × D401 mm × H390 mm	W380 mm × D412 mm × H410 mm	W380 mm × D430 mm × H440 mm
SH240 mm	SH260 mm	SH290 mm

这是一把可以放松身心的舒适座椅，配有宽大的坐垫和略微倾斜的靠背。扶手有利于孩子们搬动椅子，从而培养他们的自理能力。这种椅子还易于叠放在一起。

当孩子们把手放在椅子的扶手或座位上时，他们会自然地挺直背部

方形椅

9种颜色
白蜡木

2019年意大利A'设计奖家具装饰物品和家居用品类铜奖

XS	**S**	**M**	**L**
W245 mm × D250 mm × H340 mm	W300 mm × D270 mm × H400 mm	W310 mm × D290 mm × H440 mm	W340 mm × D320 mm × H490 mm
SH200 mm	SH240 mm	SH260 mm	SH290 mm

一把未加修饰的简单方形座椅，适合所有室内风格。对于小孩子来说，框架靠背能更方便、轻松地移动。所有尺寸的方形椅都可以叠放在一起。

采用了天然油漆颜色，浅色可与任何风格的内饰和谐统一

椅子

方形扶手椅

9种颜色
白蜡木

<table>
<tr><td style="text-align:center">XXS</td><td style="text-align:center">XS</td></tr>
<tr><td style="text-align:center">W245 mm × D250 mm × H300 mm / SH160 mm</td><td style="text-align:center">W245 mm × D250 mm × H340 mm / SH200 mm</td></tr>
</table>

这是一把基本款椅子，适合需要扶手保持平衡的学步期儿童。特小（XXS）尺寸适用于0~1岁儿童，超小号（XS）尺寸适用于2岁儿童。木制扶手摸起来光滑、舒适，保护了坐在上面的孩子。

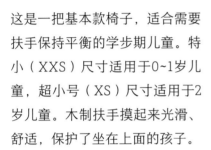

椅子经过精心制作，表面没有任何钉子或螺丝

梯形椅

9种颜色
白蜡木

2019年意大利A'设计奖家具装饰物品和家居用品类铁奖

即将推出的产品。
由于持续改进，细节可能会发生变化。

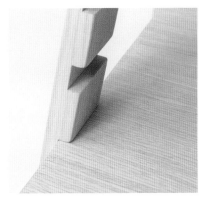

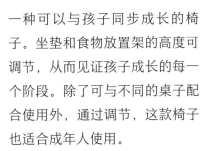

一种可以与孩子同步成长的椅子。坐垫和食物放置架的高度可调节，从而见证孩子成长的每一个阶段。除了可与不同的桌子配合使用外，通过调节，这款椅子也适合成年人使用。

所有的家具都是由天然木材制成的，非常易于维护

圆桌

9种颜色
白蜡木

S	M	I
Φ1,190 mm × H500 mm	Φ1,240 mm × H500 mm	Φ1,290 mm × H500 mm

这张完美的圆桌和我们的"圆凳"很相配。由于桌腿位于桌子底座的中央，所以桌子四周坐人都很舒适。协调的颜色，以及与"方椅"的结合使用都是值得赞赏的。需要时可堆叠放置。

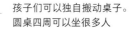
孩子们可以独自搬动桌子。
圆桌四周可以坐很多人

方桌

9种颜色
白蜡木、钢

S	M	L
W880 mm × D450 mm × H430 mm	W970 mm × D450 mm × H460 mm	W1,060 mm × D450 mm × H520 mm

一种简单的四腿桌子，与我们的
"方形椅"十分匹配。桌腿可以
折叠，便于叠放。这既是适合儿
童使用的完美书桌，也是成年人
可以使用的理想边桌。

这种家具的设计与家庭氛围
的装饰风格搭配极为和谐

定制家具

可迪乐幼儿设计还提供定制家具服务，以满足各种学前空间和客户的要求。

HN保育园，日本神奈川

可兼作桌椅的幼儿家具

YM保育园，日本鸟取

右：一条由当地木材碎片堆
成的长凳
左上：婴儿床
左下：为工作人员和客人准
备的五颜六色的凳子

KB中小学综合学校，日本长崎

左上：内置储物架

左下：为学生准备的课桌和椅子，会很耐用

右：用实木做成的房子形状的室内游乐场设施

D1幼儿园及保育园，日本熊本

孩子的行李存储柜。每个孩子在幼儿园和保育园时都会使用自己的储物空间，以培养对自己物品的喜爱之情

第五章

5

Visual

Identity

视觉标识设计

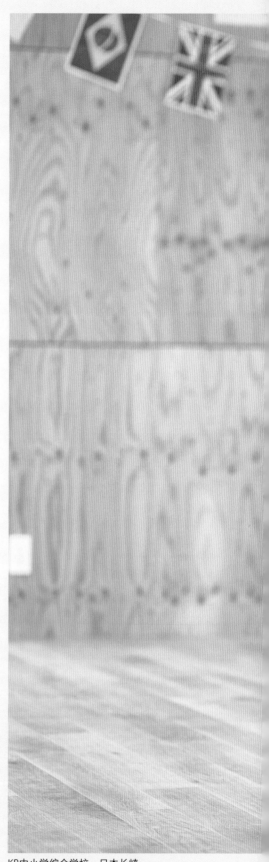

KB中小学综合学校，日本长崎

Ways

to

Establish

Brand

Image

in

Children's

Facilities

建立儿童设施品牌形象的途径

在出生率下降的情况下，任何幼儿园和保育园都很难一直保持领先地位。为了解决这一问题，建立鲜明的品牌形象尤为重要。视觉标识，包括徽标、校服和其他物品，在品牌推广中发挥着重要作用，因此，幼儿之城和可迪乐幼儿设计也提供视觉标识设计咨询服务。这里有一些我们设计的视觉标识作品，在某些情况下是与选定的设计师合作设计的。

HZ幼儿园及保育园，日本冲绳

UNIFORMS
校服

校服有助于在儿童和学校之间建立一种独特的联系。校服也可以被视为一种品牌营销工具或者社区的标识。校服能提高居民对学校的认识，使他们对孩子们更加留意。

DRM学前班

DRM学前班的校服是我们与童装品牌Kitutuki合作设计的。校服以深蓝色为基调，体现学校所在区域拥有丰富的水资源。

HZ幼儿园及保育园

建筑位于冲绳县，地处亚热带气候区。基于这一因素，校服为印有校徽的T恤衫，并配以菊花或郁金香等花卉图案，每个图案都代表一个特定的班级。

KB中小学综合学校

KB中小学综合学校的校服是我们与日本人气服装品牌FUJITO合作完成的,是仿效具有国际声誉的常春藤联盟的校服设计的。由于学校地处港口城市,有着优秀的跨文化交流历史,这也在一定程度上成了校服设计的考量因素。

UNIFORMS

ibg 幼儿园

工装风格的牛仔布校服既耐用又舒适，适合儿童日常穿着。这种面料会随着逐渐磨损而变得独一无二，最终每个孩子的衣服都会有独特的个人印记。

OA幼儿园

OA幼儿园的校服是一件POLO衫，其后襟缝有幼儿园的标识，袖口带有图案。校服采用纯色配色，以与幼儿园建筑简约、现代的风格相配。

LOGO
徽标

徽标是机构身份的组成部分。学前教育机构的徽标通常会出现在建筑、名片、文具和校服上，是一种可以带来更广泛影响力的品牌识别元素。因此，徽标必须与学前教育机构的愿景相一致。这些徽标通常是我们与其他平面设计师合作设计的。

MM幼儿园

这个由手绘三角形组成的徽标是我们与设计师小熊千佳子（Chikako Oguma）合作设计的。逐渐变大的三角形代表着孩子们在新环境中茁壮成长。

IINO OYAKO NURSERY

IO保育园

这个徽标像是一个由不同形状组成的小镇，寓意保育园重视每个孩子的独特性和多样性。这个徽标也是我们与设计师小熊千佳子合作设计的。

ST保育园

通过与设计师小熊千佳子的合作，我们用天
鹅图案和保育园的名字设计出了这个徽标。
珊瑚蓝的色调代表保育园所在小镇的河流。

OA幼儿园

该徽标是幼儿园首字母 "O" 和 "A" 的图形化再现。圆形和三角形的积木也是幼儿园经常使用的益智玩具。这样的象征手法可以让孩子们在相似中找到联系，并与徽标产生共鸣。

SIGNAGE
指示牌

学校建筑内各房间的名称通常会用指示牌标明。摒弃传统、标准化的设计，根据建筑特点进行设计，会使指示牌更为醒目且更具吸引力。

HZ幼儿园及保育园

因为每个班级都以花的名字命名，所以指示牌被设计成了花的造型。

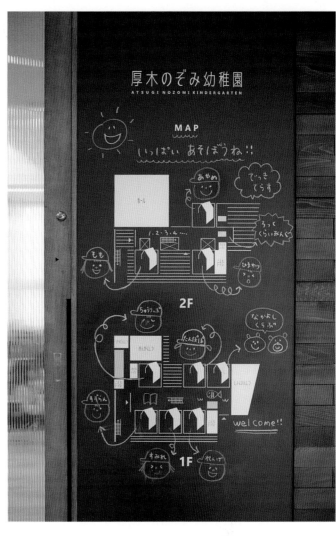

AN幼儿园

指示牌被设计成不同形状的房子造型。

DS保育园

指示牌上的字母好像正在被风吹一样，与该保育园建筑的设计理念相配。

SIGNAGE

OA幼儿园

指示牌展现了学前教育建筑的特色，是用木材和黑色钢架打造的。

OB保育园

指示牌采用与班级名字相关的自然主题。

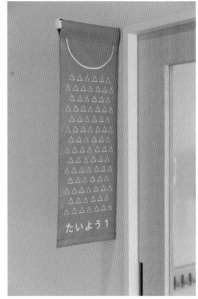

EVENTS AND WORKSHOPS
活动和工作坊

在对空间进行设计时，既要考虑到融入让孩子们
变得兴奋和积极的元素，又要体现幼儿园自身的
特色。

幼儿之城的设计工作不局限于建筑和空间，往往
还包括赋予学校独特的身份。我们会邀请讲师举
办一系列特别的活动和特定主题的工作坊（如食
品教育），并在幼儿园内设计一些促进开放式交
流和互动的场地。

Kitutuki工作坊

Kitutuki工作坊是由一群致力于纺织品等类似产品设计的设计师创办的。在这里，孩子们和大人们一起用印染块和颜料在围裙上绘制出令人赏心悦目的图案。工作坊得到了大家的积极响应和热情参与，最后还举行了时装表演来展示大家设计的围裙。

食品教育工作坊

食品研究人员应邀到学校举办关于食品教育的工作坊，开展了信息丰富的演讲和有趣的活动。孩子们很喜欢用从当地商店采购的食材制作手卷寿司。通过这次工作坊，孩子们了解到了本地生产的新鲜食物的重要性。他们对自己的饭菜非常满意，有的孩子甚至要求吃第二份。

WORKSHOPS

摄影: 小野田阳一

卓越的设计和全新的价值
是如何创造出来的

在幼儿之城，大家通常早上8点到办公室，然后在办公室旁边的咖啡厅一起享用早餐，并讨论当天的任务和手头的项目。自日比野设计于1972年成立以来，我们的日常工作和讨论可能已经发生了很大变化，但我们始终坚持通过精心设计的建筑为客户的业务增值，这一直是我们开发项目的关键目标。

我们最初的业务重点是建筑设计，涵盖各种项目类别，但2001年我们精简了设计业务，更加专注于某些选定的项目类别。事实证明，这对我们来说是正确的举措，我们非常感谢有机会以"Youji no Shiro"的品牌为各国的孩子设计建筑空间；"Youji no Shiro"翻译成中文就是"幼儿之城"。

我们的幼儿之城团队办公室位于神奈川县的厚木市，或许会让任何前来参观的人感到惊讶，因为这里看起来与典型的建筑设计公司迥然不同。尤其与众不同之处在于，我们将幼儿之城的总部也设在神奈川，而不是像许多大公司那样将总部设在东京。即使我们的业务在不断增长，我们还是选择留在这里，而不是搬到东京，因为厚木本身具有强大的城市特征：它有着便利的机场和铁道交通，能够直达新宿和涉谷，购物也很方便，还拥有在国际上都很有名的城镇。厚木的郊区还有许多温泉，以及美丽、开阔的乡村景色，在那里你能经常遇到野生动物。因此，我们决定，相比于承受东京人满为患的困扰，我们更愿意享受这样自然而迷人的环境。令人愉悦和放松的环境也更有利于我们的创造性工作，如空间设计和提案。

厚木拥有得天独厚的自然环境，这是东京无法企及的。这也造就了一大批充满好奇心、全心全意投入工作和生产的当地生产者和农民——我们之所以了解他们，是因为我们与他们见过面，品尝过他们种植的新鲜食材。这些美味的本地食材是我们总部楼上的餐厅"2343 Restaurant"和位于本厚木车站附近的咖啡厅"2343 FOOD LABO"的重要食材。（所以，现在可以理解我们的员工为何聚在一起吃早餐了。）这些餐厅不仅是员工经常光顾的地方，也是一种给客户留下深刻印象的方式，我们在这里接待他们的同时，可以介绍和交流我们多样的业务。另外，由于食材和正确的饮食习惯是儿童成长环境里的基本要素之一，我们认为直接参与饮食教育的环节，能够拓宽我们的知识面，最终有助于

设计幼儿园和保育园的用餐空间。为我们大人自己，更是为了孩子们不断试验及制作优质的自产自销的饮食，是一个非常理想的方案，因此，餐厅业务也纳入了我们2017年的工作清单。

我们经营咖啡馆和餐厅的举措，展示了幼儿之城正在通过深入学习，与我们现有的设计服务建立联系，并努力重新定义和完善我们在诸多领域的专业能力，从而扩展我们的服务内容。

同时，我们于2016年成立了可迪乐幼儿设计。通过可迪乐幼儿设计团队，我们开始为幼儿园和保育园设计儿童家具、制服、班牌，甚至徽标。曾经，在设计众多的儿童空间时，我们常常因为无法控制设计结束后的问题而感到沮丧，比如，空间建设完成后师生将如何使用，特定区域该布置何种类型的家具，幼儿园会选择什么样的标识设计，以及那些标识是否能够正确地传达设计和教育的核心理念。更具体地说，例如，劣质的塑料家具对于一个以自然材料为主题的设计空间来说是难以接受的，风格也不对应，而幼稚的标识与简约的空间也会成为很糟糕的搭配。无论一个空间设计得多么好，多么精致，多么有创意，如果没有合适的配套装饰和亮点，如室内家具和标识等，设计都会功亏一篑，整体会显得缺乏协调性和"格格不入"。如果不考虑空间的统一性，很难创建一个具有吸引力的幼儿园或保育园，园舍设计应包括所有有助于提高教育质量的元素。

建立可迪乐幼儿设计无疑是朝着正确方向迈出的一步，它使我们能够进一步完善设计成果。作为专注于学校整体品牌策划的部门，他们与专注于建筑设计的幼儿之城团队一起参与了许多项目。有些时候，可迪乐幼儿设计也会与幼儿之城团队分开，单独运作项目。

2020年，我们进一步扩大了服务范围，推出KSL工作室（KIDS SMILE LABO），专注于儿童机构的管理和教育指导服务。KSL工作室为幼儿园和保育园提供咨询服务，包括新建幼儿园的教育模式设计、员工培训和教材设计等。我们在这次尝试中取得了成功，甚至收到了来自日本以外的项目邀请。

本书介绍了幼儿之城和可迪乐幼儿设计的建筑空间及其他设计作品。这些作品，有的获得了世界级的奖项，有的在日本备受欢迎。或许是由于专业性与持续不断的努力付出，我们接受过很多采访，有时会被问道："你们是如何设计出这样魅力无穷的幼儿园的？" 我们非常感激这种赞美以及认可。

出版本书是为了分享我们的设计理念，希望它能激励社会各行各业的读者，促进更多的儿童机构打造独属于他们的优质、专业的设计。我们认为，空间不仅是空间，如果将空间看作容器，那么容器中的"内容"与容器本身同样重要。仍然有许多伟大而奇妙的设计等待着我们去创造，还有许多新的冒险等待着我们去探索。说不定，将来某天你可能会发现自己给孩子读的睡前故事绘本是日比野设计出品的，或者你的孩子最喜欢的、扔得家里到处都是的玩具也是出自日比野设计之手。

我们将继续通过我们的产品让孩子和他们身边的成年人生活得更加愉快。这正是我们的快乐所在！

关于作者

摄影：山口贤一

日比野拓（Taku Hibino）

日比野设计事务所及幼儿之城团队创始人、首席执行官兼董事长

日比野拓于1972年出生于日本神奈川，后毕业于东京工学院大学。1991年，他在日比野设计事务所内创立了儿童建筑空间设计品牌"幼儿之城"；2016年，成立了设计咨询公司"可迪乐幼儿设计"；2017年，开设了第一家"2343 Restaurant"，后在神奈川县又开设了三家分店；2018年，在中国开设了第一家分公司——日比野设计（深圳）有限公司；2021年，创建了KSL工作室，为幼儿园和保育园提供咨询服务，而工作室经营的KSL保育园是由日比野设计事务所自己设计并经营的第一家保育园。日比野设计事务所正从最初的建筑设计领域向其他业务领域全面拓展。日比野拓现在担任公司的首席执行官和董事长。

关于日比野设计事务所

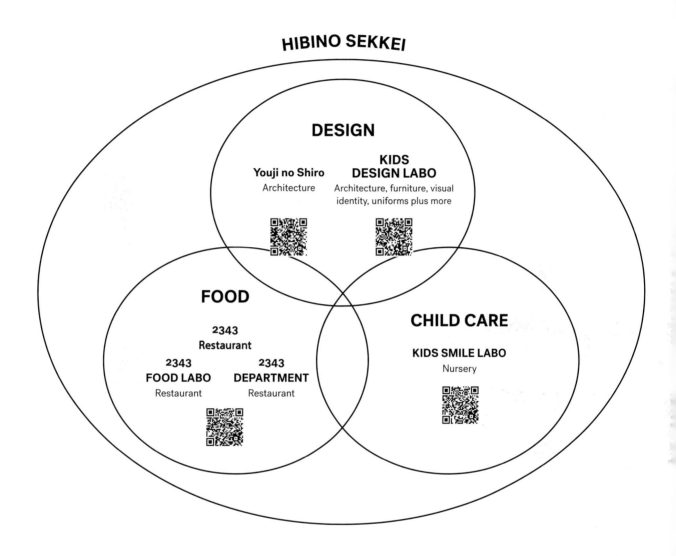

HIBINO SEKKEI

DESIGN

Youji no Shiro
Architecture

KIDS DESIGN LABO
Architecture, furniture, visual identity, uniforms plus more

FOOD

2343 Restaurant
2343 FOOD LABO
Restaurant
2343 DEPARTMENT
Restaurant

CHILD CARE

KIDS SMILE LABO
Nursery

幼儿之城（Youji no Shiro）

幼儿之城是一个专门从事保育园、幼儿园、学前教育机构等儿童建筑设计的团队。截至2022年，该团队已在全球设计了560多个儿童空间。

https://e-ensha.com

为儿童设计的世界
The World Designed for Children

日比野设计事务所作品集
Complete Works of Hibino Sekkei Youji no Shiro & KIDS DESIGN LABO

作者
日比野拓（Taku Hibino）

日比野设计事务所（HIBINO SEKKEI, INC）
https://hibinosekkei.com

幼儿之城（YOUJI NO SHIRO）
https://e-ensha.com

可迪乐幼儿设计（KIDS DESIGN LABO）
https://kidsdesignlabo.com

编辑
阿久根佐和子（Sawako Akune）（GINGRICH）
齐藤大介（Daisuke Saito）（GINGRICH）
和田绚太郎（Kentaro Wada）（GINGRICH）
铃川博纪（Hiroki Suzukawa）（GINGRICH）

美术指导/平面设计师
关田浩平（Kohei Sekida）

摄影师
曾我利成（Toshinari Soga）[包豪斯工作室（studio BAUHAUS）]
吉见二郎（Kenjiro Yoshimi）[包豪斯工作室（studio BAUHAUS）]
井上龙二（Ryuji Inoue）
田村孝介（Kosuke Tamura）
小野田阳一（Yoichi Onoda）
米谷彻（Toru Kometani）
浅井博美（Hiromi Asai）
深水圭佑（Keisuke Fukamizu）
郭展鹏（Raykwok）
曹毅（Ivan Cho）
山口贤一（Kenichi Yamaguchi）

项目协调
增川夕真（Yuma Masukawa）（日比野设计）

KFB 幼儿园及保育园，日本鹿儿岛

图书在版编目（CIP）数据

为儿童设计的世界：日比野设计事务所作品集／（日）日
比野拓著；潘潇潇，付云伍译 .—桂林：广西师范大学出版社，
2024.1

ISBN 978-7-5598-6565-6

Ⅰ．①为… Ⅱ．①日… ②潘… ③付… Ⅲ．①教育建筑-
建筑设计-作品集-日本-现代 Ⅳ．① TU244.1

中国国家版本馆 CIP 数据核字（2023）第 221586 号

为儿童设计的世界：日比野设计事务所作品集
WEI ERTONG SHEJI DE SHIJIE: RIBIYE SHEJI SHIWUSUO ZUOPINJI

出 品 人：刘广汉
责任编辑：冯晓旭
装帧设计：关田浩平　马韵蕾
广西师范大学出版社出版发行

（广西桂林市五里店路 9 号　　邮政编码：541004）
（网址：http://www.bbtpress.com）
出版人：黄轩庄
全国新华书店经销
销售热线：021-65200318　021-31260822-898
凸版艺彩（东莞）印刷有限公司印刷
（东莞市望牛墩镇朱平沙科技三路　邮政编码：523000）
开本：889 mm×1 194 mm　　1/16
印张：20　　　　　　　　字数：240 千
2024 年 1 月第 1 版　　　　2024 年 1 月第 1 次印刷
定价：288.00 元